景观设计
原理与实践新探

武 静 著

中国纺织出版社

内容提要

城市规划是一门集城市规划、建筑学、园艺、林学、环境艺术、文学艺术等学科的高度综合的应用性学科，涵盖范围广泛。本书从景观设计概念等问题切入，以国内外资料为基础，对景观设计的传统和现代景观设计的原理和实践进行研究。科学的、合理的、艺术的景观设计是平衡生态系统、改善环境、创造区域文化特色、提高人民生活质量的重要手段。本书图文引用，读来亦不乏味。

图书在版编目（CIP）数据

景观设计原理与实践新探 / 武静著. -- 北京 : 中国纺织出版社, 2019.4

ISBN 978-7-5180-2110-9

Ⅰ. ①景… Ⅱ. ①武… Ⅲ. ①景观设计 Ⅳ. ① TU986.2

中国版本图书馆 CIP 数据核字（2015）第 262548 号

责任编辑：姚 君 责任印制：储志伟

中国纺织出版社出版发行

地址：北京市朝阳区百子湾东里 A407 号楼 邮政编码：100124

销售电话：010-67004422 传真：010-87155801

http://www.c-textilep.com

E-mail:faxing@c-textilep.com

中国纺织出版社天猫旗舰店

官方微博 http://www.weibo.com/2119887771

北京虎彩文化传播有限公司 各地新华书店经销

2019 年 4 月第 1 版第 1 次印刷

开本：710×1000 1/16 印张：16

字数：204 千字 定价：64.00 元

前　言

“景观设计”是一门集城市规划、建筑学、园艺、林学、环境艺术、文学艺术，以及自然与人文科学等高度综合的应用性学科。景观设计所涵盖的学科范围非常广泛，它不仅是一门社会科学，还是一门艺术；它不但属于工学，还属于人文学和美学；它既是理性的，又是感性的。环境景观设计是衡量一座城市乃至一个国家经济发展、社会进步、文明程度等方面的重要标志之一，具有社会性、历史性、文化性、生态性及科技性；具有特色鲜明、渗透性强的空间特质，是自然生态系统与人工建设系统交融的公共开敞空间。科学的、合理的、艺术的景观设计是平衡生态系统、改善环境、创造区域文化特色、提高人民生活质量的重要手段。

本书从景观设计的概念等问题切入，运用历史的、比较的、系统的方法，立足社会实践及社会调研，以大量的国内外资料为基础，对景观设计的传统与现代景观设计的原理实践等方面进行研究。

全书共分六章，第一章至第五章分别为景观设计的概念与学科定位，景观设计的构成与要素，景观设计的风格与审美，景观设计的程序与技术，中外景观设计历史实践；第六章为各类景观设计的专项实践，内容包括居住区景观设计、道路景观设计、公园景观设计以及广场景观设计。全书结构合理、重点突出，以景观设计的含义、类型、定位等理论为铺垫，重点探索以景观设计原理为依据的景观设计实践；形式新颖、独特，采用抽象论述与具体案例，文字与图片、文字与表格相结合的形式、图文并茂、趣味生动；通俗实用，系统全面，如采用认知过程的顺序组织内容，由易到难，由基础到实践，由一般问题到特殊问题，循序渐进，层层深入。

本书在撰写过程中，引用并参考了关于景观、园林、城市等的若干文献和研究资料，参考资料未能逐一作出注释的，望相关作者和专家谅解，在此表示诚挚的谢意。本书的撰写，虽然经过反复斟酌和推敲，但鉴于水平和时间的有限，还有很多有待深入讨论、研究的问题和不足之处，真诚期待广大专家、读者的宝贵意见，以便在今后工作中予以改正。

编者

2018 年 10 月

目　录

第一章　景观设计的概念与学科定位

关于景观设计原理的研究，首先要对景观设计的概念有明确的认识，尤其目前在我国对园林、园艺、绿化、景观设计的范畴有不同的见解，更有必要在此给出明确的解释，以及明确的学科定位。

第一节　景观设计的概念与类型

一、景观设计的概念

（一）景观的含义

景观在旧约圣经中，指城市的景象或大自然的风景。15世纪，欧洲风景画的兴起，使“景观”成为绘画专用术语，其本意等同于“风景”“景色”，这时可以把“景观”一词理解为一幅表现陆地或海洋风景的画或像。18世纪“景观”的含义发生了转变，它与“园艺”紧密联系在了一起。19世纪下半叶，景观设计学的诞生，使“景观”与设计结合得更加紧密，并以学科的形式得以广泛推广。

不同历史时期、不同学科领域的学者对“景观”都采取着不同的认知含义。[①]而本书则这样对景观定义：

① 地理学家把景观定义为一种地表景象，是一个科学名词（如草原景观、森林景观等）；建筑师则把景观定义为建筑的背景；生态学家把景观定义为生态景观；艺术家则把景观定义为所要表现的风景。

景观是指土地与土地上物体构成的多种形态，它是时间与生命体在土地上存在的痕迹。

（二）景观设计的含义

景观设计学是一门交叉性的设计学科，涉及建筑学、林学、农学、心理学、地理学、管理学以及环境、文化艺术、区域规划、城镇规划、旅游、历史等多个方面，可以说景观设计是一门综合性很强的学科。

景观设计学是关于景观的分析、规划布局、设计、改造、管理、保护与恢复的科学和艺术，是一门建立在科学、人文与艺术学科基础上的应用学科。美国景观设计师协会（ASLA）对景观设计学的定义是："景观设计是一种包括自然及建筑环境的分析、规划、设计、管理和维护的学科，属于景观设计学范围的活动，包括公共空间、商业及居住用地的规划、景观改造、城镇设计和历史保护等。"

景观设计是一门面向户外环境建设的学科，是一个集艺术、科学、工程技术于一体的应用型专业。景观设计强调对土地与土地上的物体和空间进行全面的协调和完善，以使人、建筑、城镇以及自然中其他的生命种群得以和谐共存。

（三）景观设计的特征

1.景观设计的形成特征

景观设计的形成特征主要表现在两个方面。

（1）在其综合特征上，景观设计的构成元素比较丰富，所涉及的知识领域也非常宽泛，是一个由多种空间环境要素和设计表现要素相互补充和协调的综合设计整体。

（2）其形成特征含有长期性和复杂性。室外环境景观设计要受到城市总体规划设计的制约，一些规模较大的景观设计从开始到基本形成，需要较长的时间。①

时间作为第四空间维度，在整个景观设计与建设中起着重要的作用。同时，景观设计的诸多要素都是特定的自然、经济、文化、生活、管理体制的产物，处理和整合它们之间的关系有一定的复杂性。所以，从一套景观设计方案形成到项目实施完成，有其特殊行业的复杂特性。

2. 景观设计的文化特征

景观设计是一个民族、一个时代的科学技术与文化精神的综合体现，也是生活在现实生活中的人们的生活方式、意识形态和价值观念的真实写照。②

景观设计的文化特征具体体现在其思想性、地域性和时代性这三个方面。

（1）思想性

景观设计的思想性是指一个国家的文化思想在景观设计中的体现。比如，中国儒家哲学所强调的“礼”学思想和中国封建社会的秩序、等级观念，在中国古代的建筑和城市规划中都有所体现。受儒家思想影响的景观设计一般都表现出严格的空间秩序感和对称的形式理念，如北京的故宫（图 1-1）、四合院（图 1-2）的建筑设计和空间布局。又如，中国的道家思想至今还在影响着当代的城市景观设计以及设计师们对设计理论的不断思考。道家思想的核心是“天人合一”观，追求的是人与自然的和谐统一，中国园林景观设计中的“巧于因借，精在体宜”“相地合宜，构园得体”等设计思想都是道家“天人合一”哲学思想的具体体现和延伸。所以说，景观设计中的思想性是其文化特征中的核心部分。

① 设计美国纽约中央公园的奥姆斯特德曾说：“这是如此巨大的一幅图画，需要几代人共同绘制。”

② 一位著名的芬兰建筑师曾说：“让我看看你的城市，我就能说出这个城市的居民在文化上的追求是什么。”

图 1–1　故宫

图 1–2　四合院

（2）地域性

景观设计的地域性特征体现在其所反映的不同地区存在的不同景观形态与人文特性上。景观设计应根据不同地域、不同民族风俗、不同宗教信仰来研究景观的设计形态构成，要体现出景观本土特征与外部环境的独特个性的表现语言，在精神风貌上展示出自己的文化气质与品位。当前很多国家和城市的景观设计都给人以“似曾相识”的感觉，地域性的景观文化被全球一体化的错误设计观念所冲击，这种以自我文化特质的消失来换取对别人设计成果的盲目跟风的景观设计，势必会使城市的景观设计在技术堆砌和复制中迷失自我、丧失个性。

（3）时代性

景观设计的时代性特征主要体现在以下几个方面。

第一，景观设计要随时代的发展而发展。今天的景观设计是为普通百姓服务的，而不是像古代的园林景观专为皇亲国戚、官宦富贾等少数统治阶层所享用（图 1-3 和图 1-4）。现代的景观设计强调的是人与景观环境的互动交流，在设计上应充分体现人性化的关怀和亲和力。

图 1-3　承德避暑山庄

图 1-4　颐和园

第二，景观设计要引入当今社会的先进科技成果。现如今，先进的施工技术和高科技含量的新型施工材料，已经打破了传统园林景观所采用的天然材质和单一的施工技术表现形式，科学技术的进步给景观设计提供了充分表现自己独特魅力的设计舞台，极大地增强了景观的艺术表现力。

第三，景观设计思想由过去的单一注重园林设计审美，提高到对生态性、环保性、可持续性设计思想的认识，把景观设计的重点放在提高人类生存环境质量的高度（见图 1-5）。

图 1–5　德国慕尼黑奥林匹克公园

3. 景观设计的功能性与形式性特征

（1）景观设计的功能性特征

景观环境是人类生存与生活的基本空间，景观形态的功能性与形式性是人类生理功能与视觉审美功能所要求的。其功能性特征体现在景观设计是为室外环境的构成而提供物质条件的，如广场、庭院等。人们生活和行走在城市街道中，需要能够集会、散步、游戏、静坐、眺望、交谈、游园、野餐等舒适的景观环境，而景观设计正是满足这一功能的具体形态物质。

（2）景观设计的形式性特征

形式性特征则体现在景观设计的审美性上。景观设计不仅要赋予景观环境以功能性，还要使生活在真实空间环境的审美主体（人）在享受和流连于景观环境中时，得到视觉和心灵的美感体验与满足，这也是“以人为本”设计原则的具体体现。景观外部形态设计形式的处理与表现，能真实地反映出设计师驾驭设计形式语言的能力和水平。所以说，景观设计只有将功能与形式完美地结合，才具有鲜活的生命，才能实现人们对景观环境的美好期盼。

（四）景观设计的目的和任务

景观设计的目的和任务是在带给人类视觉上美的享受的同时，从根本上改善人与自然环境的关系，带给人类一个全新的生存理念。

景观设计的目的和任务主要体现在以下几个方面。

（1）保护自然环境，维护自然景观与人类的平衡关系。

（2）以人类生态系统为前提，不孤立于某一元素。景观设计是一种多目标性质的设计，体现出整体优化的特性。

（3）为人类提供精神享受场所与美的环境。

（4）对古代文化遗迹进行保护和研究。

（5）建立区域化特色城市，做到城市景观、建筑整体统一。

（6）以提高人类生存状态为基础，探讨如何体现可持续发展理念的方向与途径。

（五）景观设计专业

1.景观设计专业的确立

1900年，阿姆斯特德之子F. L. 阿姆斯特德在美国哈佛大学首次开设了景观设计学专业课程，当时很多拥有多种技能的设计师投入了这个新的学科领域，这标志着景观设计专业的诞生，并通过教育的形式得以广泛传播。在以后的发展中，景观设计专业纳入了规划，并逐渐从景观设计学中派生出了城市规划专业，城市规划专业与景观设计专业相互联合成立了城市与区域规划学科。这极大地丰富了景观设计学的范围，从而形成了建筑—景观设计—城市规划相结合的局面。景观设计学科的设置，大大加强了规划与建筑学之间的联系，同时它摆脱了传统艺术院校僵化死板的教学模式，提出了一种全新的、系统化的、有时代特色的教学模式，其核心思想是“形式随从功能”。到19世纪20年代，美国哈佛大学的景观设计学科已成为其他院校效仿的对象，景观设计在世界范围内得到了推广。

到了21世纪，借助新型材料、新工艺以及计算机辅助设计成为景观设计专业的新特点。

2.景观设计专业的教学方式

景观设计专业在教学方式上非常注重从多方面、多角度培养学生的设计能力，大致可以总结为以下五个方面。

（1）设计课程教学

主要是通过与设计相关的知识学习，如历史、文学、工程、自然科学等方面，使学生全方位地了解设计与其他因素的关联性，并与其专业相融合，从而培养学生多方面的能力，即对事物的感受力，理解、分析、思考的能力，丰富的想象力，创造力及动手的实践能力。在教学的实践过程中，结合设计课程的特点进行假定性的命题，使学生在学习理论的同时，增强实际应用过程中处理各种特殊情况的能力。

（2）考察

对现实中的优秀范例进行实地考察是对所学理论知识提炼和印证的过程，可以从中领略到一些平常所熟知的理论是如何活学活用于特定场所的。考察可以增强实地的感受性，如光线、功能、空间等一些抽象的概念在实景中得以理解和贯通，参观考察一直是景观设计教学的主要形式之一。

（3）讲座

讲座是教学过程中不可缺少的环节，它借助于个学科领域的专家的学术讲座，促进学生从多方面吸收，有助于设计方面的经验，开阔眼界，提高自身的修养。这对平时所学的理论在实际中更好地运用起到了非常好的帮助作用。

（4）校际交流

主要通过院校之间进行学术研讨交流的形式进行，交换老师和学生是最主要的合作方式。由于不同的院校对本校的学科具有不同侧重点，校际交流会促进弱势学科的良好发展，以达到相互借鉴，共同发展的作用。同时，学生在异校能够接触到一些新的知识技能，这是本院校所不能给予的。

（5）专业实践

学生在学校所学的知识是指在正常情况下如何运用的理论。在实际操作过程中，任何特殊情况均可能发生。专业实践，对于学生所学知识的灵活运用具有非常重要的作用。同时，动手实地操作，对材料和计算机的运用，也是专业实践的重要内容。它的目的是让学生在实习单位接受全面训练，为以后的实际运用提供了学习机会。

（六）景观设计师

景观设计师这一职业称谓由美国“景观设计之父”弗雷德里克·劳·奥姆斯特德提出，1863年被确定为正式称号，一直沿用至今。

景观设计职业（即景观设计师）是大工业、城市化和社会化背景下的产物，是在现代科学与技术基础上发展起来的。景观设计师所要处理的对象是土地综合体的复杂性问题，所面临的是土地、人类、城市和土地上生命的安全与健康及可持续发展的问题；是以土地的名义来监护合理利用，设计脚下的土地及土地上的空间和物体。

在职业内涵和概念上，景观设计师与建筑师、工程师、规划师、园林设计师、园艺师是有所区别的、建筑师主要从事建筑物设计和设施设计的工作，如住宅、写字楼、学校等；土木工程师负责为公共设施建设提供科学的依据，通过科学原理来进行设计和建造，如道路、桥梁等方面；城市规划师则强调对土地的合理使用，为整个城市或区域的发展制订计划；园林设计师、园艺师的工作职责主要在于园林设计和养护管理等方面。而景观设计师则不同，他是站在更高的尺度来宏观地把握全局，包括户外景观和用地的设计使用问题，主要体现在场地规划、城镇规划、公园休闲地规划、区域规划、园林设计和历史区域保护等综合设计方面。在各种项目的运行过程中。景观设计师对多种学科队伍的紧密协作起到了至关重要的作用。

二、景观设计的类型

（一）城市公共空间景观

城市公共空间是指城市或城市群中，在建筑实体之间存在着的开放空间体，是城市居民日常生活和社会生活公共使用的室外空间，是居民举行各种活动的开放性场所。它包括广场、公园、街道、居住区户外场地、公园、体育场地、滨水空间、游园、商业步行街等。[①] 目前景观设计场地大部分都是城市内公共空间的场地景观设计（见图 1-6 和图 1-7）。

图 1-6　中国台湾士林官邸园林景观

图 1-7　陕西西安大唐不夜城

（二）自然保护区景观

自然保护区景观实质就是自然保护区的自然景观与人文景观相结合的复合型景观。比如，代表性的自然生态系统，珍稀濒危野生动植物物种的天然集中分布区，以及有特殊意义的自

① 从根本上说，城市公共空间是市民社会生活的场所，是城市实质环境的精华、多元文化的载体和独特魅力的源泉。

然遗迹等保护对象所在的陆地、陆地水体或者海域等。

自然保护区也常是风光旖旎的天然风景区，具有特殊保护价值的地质剖面、化石产地或冰川遗迹、岩溶、瀑布、温泉、火山口以及陨石的所在地等。截至2012年年底，全国（不含港、澳、台地区）共建立国家级自然保护区363个，面积9415万公顷，占国土面积的9.7%（见图1-8和图1-9）。

图1-8 贵州梵净山

图1-9 江西武夷山

（三）风景名胜区景观

风景名胜区是指具有观赏、文化或者科学价值，自然景观、人文景观比较集中，环境优美，可供人们游览或者进行科学、文化活动的区域。[①]

① 依据中华人民共和国国务院于2006年9月19日公布并自2006年12月1日起开始施行的《风景名胜区条例》。

风景名胜包括具有观赏、文化或科学价值的山河、湖海、地貌、森林、动植物、化石、特殊地质、天文气象等自然景物和文物古迹，革命纪念地、历史遗址、园林、建筑、工程设施等人文景物和它们所处的环境以及风土人情等。自1982年起至2012年11月，国务院共公布了8批、225处国家级风景名胜区（见图1-10和图1-11）。

图1-10　四川乐山大佛景观

图1-11　内蒙古扎兰屯

（四）纪念性景观

《现代汉语词典》对“纪念”一词的解释是：用事物或行动对人或事表示怀念。它是通过物质性的建造和精神的延续，达到回忆与传承历史的目的。根据韦氏字典的解释，“纪念性是从纪念物（monument）中引申出来的特别气氛，有这样几层意思：①陵墓的或与陵墓相关的，作为纪念物的；②与纪念物相似有巨大尺度的、有杰出品质的；③相关于或属于纪念物的；④非常伟大的等。”通过对“纪念”“纪念性”和“景观”的释义，并借鉴《景观纪念性导论》（李开然著）一书中对纪念性景观内涵的概述，把纪念性景观理解为用于标志、怀念某一事物或为了传承历史的物质或心理环境。也就是说，当某一场所作为表达崇敬之情或者是利用场地内元素的记录功能描述某个事件时，这一场地往往就是纪念性场地了，所形成的景观就是纪念性景观。它包括标志景观、祭献景观、文化遗址、历史景观等实体景观，以及宗教景观、民俗景观、传说故事等抽象景观等（见图 1-12 和图 1-13）。

图 1-12　加拿大烈士纪念碑

图 1-13　沈阳九・一八历史博物馆

（五）旅游度假区景观

旅游度假区景观是指以接待旅游者为主的综合性旅游区，

集中设置配套旅游设施，所在地区旅游度假资源丰富，客源基础较好，交通便捷，对外服务有较好基础。旅游度假区的景观设计包括自然景区设计、生态旅游规划、文化浏览开发、旅游度假设施建设等相关主题进行的景观设计。景观生态学的迅速发展和合理应用，为建设生态型的旅游度假区提供了理论依据。运用景观生态学的原理，研究了旅游度假区景观建设的生态规划途径，以保障景观资源的永续利用，目前我国有 12 处国家旅游度假区（见图 1-14 和图 1-15）。

图 1-14　苏州太湖旅游度假区

图 1-15　三亚亚龙湾旅游度假区

（六）地质公园

地质公园是以具有特殊地质科学意义、稀有的自然属性、较高的美学观赏价值以及一定规模和分布范围的地质遗迹景观为主体，并融合其他自然景观与人文景观而构成的一种独特的自然区域。建立地质公园的主要目的有三个：保护地质遗迹，普及地学知识，开展旅游促进地方经济发展。地质公园分四级：县市级地质公园、省地质公园、国家地质公园、世界地质公园，截至2011年11月，国土资源部共公布了6批、218家国家地质公园，如图1-16和图1-17。

图1-16　湖南张家界地质公园

图1-17　台湾野柳地质公园

（七）湿地景观

湿地按性质一般分为天然湿地和人工湿地。天然湿地包括：沼泽、滩涂、泥炭地、湿草甸、湖泊、河流、洪泛平原、珊瑚礁、河口三角洲、红树林、低潮时水位小于6米的水域。湿地景观是指湿地水域景观。近几年来，湿地景观设计作为一种特有的生态旅游资源，在旅游规划中的开发和利用也越来越受到重视。[①]见图1-18和图1-19。

图1-18　杭州西溪湿地

图1-19　营口湿地公园

（八）遗址公园景观

遗址公园景观，即利用遗址这一珍贵历史文物资源而规划设计的公共场所，将遗址保护与景观设计相结合，运用保护、修复、创新等一系列手法，对历史的人文资源进行重新整合、再生，既充分挖掘了城市的历史文化内涵，体现城市文脉的延续性，又满足现代文化生活的需要，体现新时代的景观设计思路。

① 湿地旅游景观设计时充分考了虑丰富的陆生和水生动植物资源，形成了其他任何单一生态系统都无法模拟的天然基因库和独特的生境，特殊的水文、土壤和气候提供了复杂且完备的动植物群落，它对于保护物种、维持生物多样性具有难以替代的生态价值。每一因素的改变，都或多或少地导致生态系统的变化和破坏，进而影响生物群落结构，改变湿地生态系统。

遗址公园既是历史景观，又是文化景观，遗址公园设计主要应把握风貌特色和历史文脉得以延续和发扬，见图 1-20 和图 1-21。

图 1-20 北京明城墙遗址公园

图 1-21 元大都遗址公园

第二节 景观设计的学科定位

一、景观设计所涉及的范围及学科

景观设计是在传统的城市规划、建筑学、园林学和市政工程学等学科基础上形成和发展起来的新兴学科，见图 1-22。

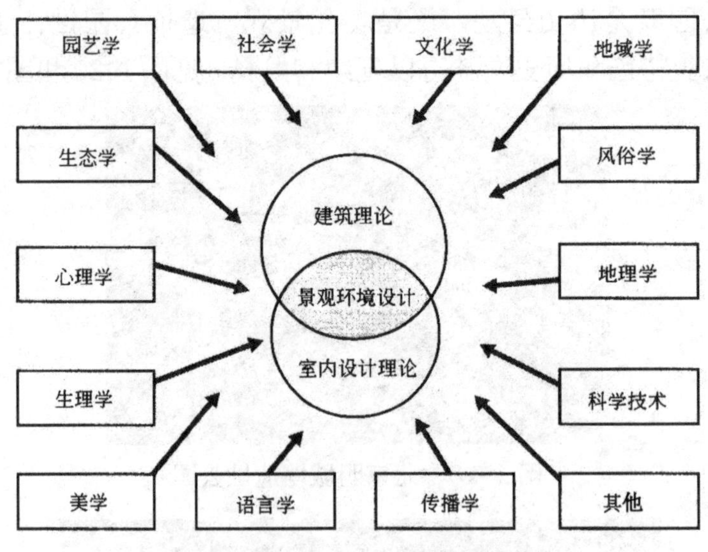

图 1-22　景观设计范围及学科

二、景观设计的学科定位

从景观设计所涉及的范围及相关学科来看，景观设计涉及范围极广又错综复杂。它与多门学科之间相互交叉又彼此制约和影响，如城市规划、建筑学、园林学、生态学、美学、文学、艺术等。[①] 因此，景观设计师应本着科学严谨的治学态度，通过现代科技手段和科学的认识方法，努力掌握其他学科的相关理论知识。

作为一门综合性很强的学科，景观设计是任何一门单一的学科都无法取代的。针对一个单体的景观设计来说，可以有所侧重地突出它在某一学科中的特点，但就整体的景观设计而言，如果只是片面地去追求它在某一学科中的刻意表现则是不可取的，任何一种单一性的景观设计取向都是难以为继的。[②]

① 张大伟，尚金凯．景观设计[M]．北京：化学工业出版社，2008．

② 曾几何时，那种不顾场地条件和环境需要，而只是片面强调大广场和大绿地的做法，实际上是一种对景观设计的偏见和误解，势必会造成景观设计的单调性和环境危机，也终究会遭到时代的抛弃。

三、景观设计的学科特点及重要性分析

景观设计是一门综合性较强的新兴学科，目前景观设计的教学才刚刚起步，景观设计所涵盖的学科范围非常广，它不仅是一门社会科学，也是一门艺术；它是工学的，也是人文学的和美学的；它是理性的，也是感性的。因此，根据景观设计的学科特点，对于这一学科的研究应是“融贯的综合研究”，只有通过这种全局性和长远性的研究，景观环境设计才会具有指导性和可操作性。

景观是人类生活环境中的一个重要组成部分，它可以为人类提供多层次、多方位的生活空间。景观设计能够改善人类与环境的相互关系，并建立起人类与自然以及人类与文化之间的生态平衡。通过景观设计能够改善和提高城市及社区的环境质量，进而创造出一种融合社会形态、文化内涵、历史传承，面向未来的生存空间，使人们的生存环境更具有人性化、多元化和理想化。

四、景观设计与其他各学科之间的关系

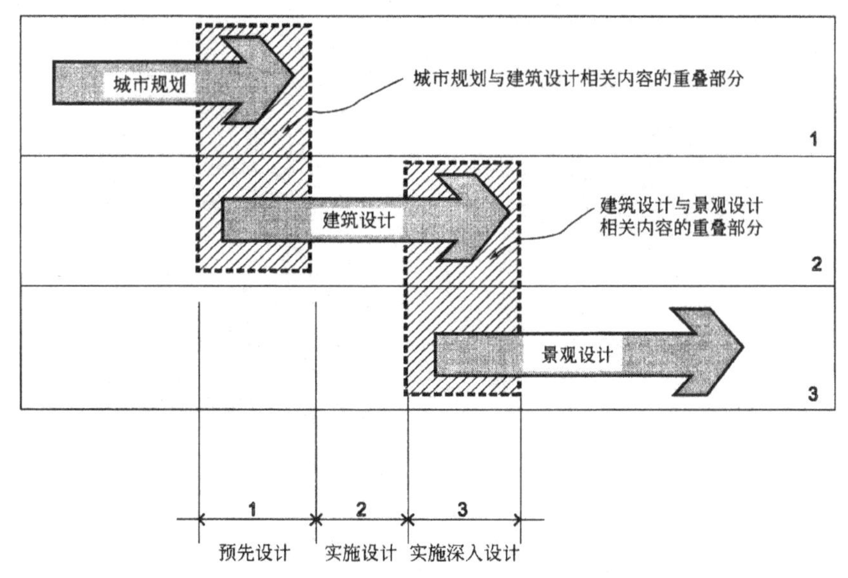

图 1-23　景观设计与城市规划和建筑设计的关系

景观设计虽然是一门新兴的学科，但它与其他相关学科之间却有着十分紧密的联系。其中，城市规划、建筑设计、园林设计等都是必须了解的重点学科。城市规划、建筑设计与景观设计之间的关系，见图 1-23。

（一）景观设计与城市规划的关系

城市规划是伴随着社会经济和工程技术的不断发展而得以逐步实现的。城市规划是时代需求、审美观念、生活方式以及人们对生活环境的追求和向往。城市规划属于整体设计，它包括城市总体规划和重点区域的控制规划两个方面，城市规划是景观设计的执行依据和基本原则。

景观设计和城市规划的主要区别在于，景观设计是对城市物质空间的进一步规划和设计，景观设计的规划与设计内容，涵盖了整座城市和城市各区域的所有物质空间，而城市规划则是更加注重社会经济、城市总体的发展计划。城市规划是从更大的宏观角度来研究城市的发展，而景观设计更多是用微观的近距离视角来研究城市的具体物质空间，见图 1-24 的城市总体规划和图 1-25 的校园景观设计。

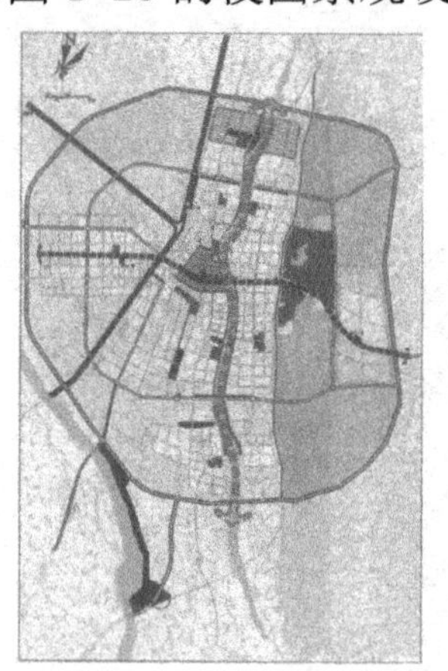

图 1-24　城市总体规划

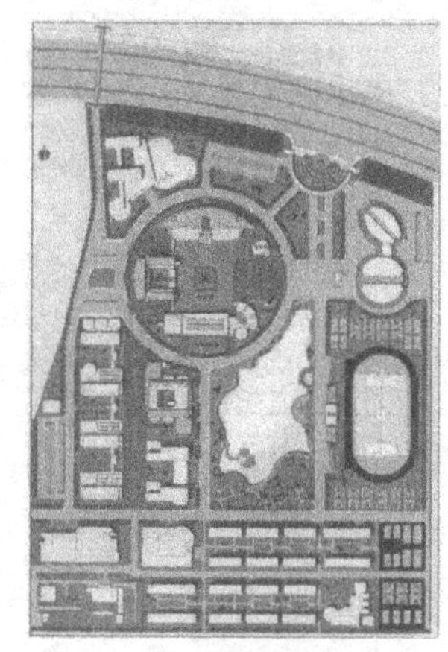

图 1-25　校园景观设计

（二）景观设计与建筑设计的关系

与景观设计相比，建筑设计具有更加注重施工技术和使用功能的特点，而景观设计则偏重于精神功能和艺术价值。尽管建筑设计也强调精神文化，也研究艺术与技术的完美结合，但是建筑设计的最基本出发点，还是偏重于建筑的使用功能以及工程技术等方面。在景观设计中，要更多地考虑到艺术性和精神方面的需求问题，并且一切设计理念和技术要求都要围绕着这一主题来展开，见图1-26美国洛克菲勒中心RCA大厦和图1-27景观环境的气氛营造。

图1-26 美国洛克菲勒中心RCA大厦

图1-27 景观环境的气氛营造

（三）景观设计与城市设计的关系

“城市设计是对城市环境形态所作的各种合理处理和艺术安排。”在城市设计领域中，人们所见到的一切都可以作为城市的设计要素，如建筑、街道、地段、广场、公园、环境设施、公共艺术、雕塑小品、植物配置等。

景观设计与城市设计的着眼点基本相同，其差别仅在于研究范围的大小，景观设计所研究的要素相对城市设计来说，只是进一步的设计延续和设计内容的更加具体，见图1-28和图1-29。

图 1-28　英国爱丁堡城市设计

图 1-29　居住区景观设计

（四）景观设计与园林设计的关系

园林设计历史悠久，已形成了成熟的专业理论和美学思想体系。传统园林设计是将自然环境和人工环境相结合的一种建筑形式。

景观设计虽然是一门新兴的学科，但通常认为园林设计是景观设计的早期形态。景观设计和园林设计的共同之处在于，它们都是改造人们所处环境，并为人们营造新环境的行为。传统园林设计与景观设计的区别，则是由历史原因造成的。在历史上，园林设计多为地位显赫的人们来服务，园林设计的风格更注重个人的喜好和偏爱。而现代的景观设计，则是以城市大环境为设计的基本出发点，并根据周围公共环境等因素的需要进行建造。

相对于景观设计而言，园林设计偏重于园艺技术，而景观设计更偏重于城市的美化和艺术表现，并且在新材料与新工艺的运用方面有所突破，见图 1-30 拙政园园林设计和图 1-31 日本现代城市景观设计。

图 1-30　拙政园园林设计

图 1-31　日本现代城市景观设计

（五）景观设计与公共艺术设计的关系

对于公共艺术设计的解释，可简单地理解为公共空间的艺术品设计，它一般包括广场、绿化、雕塑、建筑、城市设施等方面的艺术品。公共艺术品，是景观设计中不可缺少的设计元素。景观设计比公共艺术设计更关注利用综合的途径和方法来解决城市的环境问题，更注重城市物质空间的整体性设计。景观设计是建立在科学性和理性基础上的产物，景观设计是多学科知识相互结合的物质空间的创造活动，见图 1-32 公共艺术设计和图 1-33 公共空间景观设计。

图 1-32　公共艺术设计

图 1-33　公共空间景观设计

第二章　景观设计的构成与要素

随着现代社会的不断向前发展和人们生活方式的日益多样化，人们对于景观环境的空间形态、空间特征以及功能要求等都会出现相应的改变或调整。本章主要研究景观设计的构成以及景观设计的要素。

第一节　景观设计的构成

一、景观设计的功能构成

（一）使用功能

景观设计的功能，首先体现在其使用方面上。景观环境中的任何一种设施都是以能够满足人们一定的功能需求或具有一定的目的性而存在，否则景观设施将会失去它自身的存在价值。

在城市的生活空间中，景观是构成和影响城市空间的主要因素。在现代城市中，由于人与人之间的交流形式越来越多，对于交流场所和交流空间的要求也各不相同。这就要求通过城市景观设计，来提供更多的使用功能，以满足多元化使用特点和要求。[①]

---

① 其内容包括具有文化、商业、娱乐、休闲、居住、服务等使用功能的多种景观设施，并通过它们来共同组成整个城市的综合环境体系。

城市中心区是功能高度集中和浓缩的地带，在这里它拥有大量的建筑群体、方便快捷的交通网络、智能化的信息传输系统、高度发达的程控管理体系、高密度的人流以及物质财富的高度集中等。

以澳大利亚首都堪培拉为例，其城市景观是由美国建筑师伯利·格里芬设计。堪培拉位于澳大利亚首都直辖区东北部、澳大利亚阿尔卑斯山脉的山麓平原上，跨莫朗格洛河两岸，城市人口约 31 万，见图 2-1 堪培拉的鸟瞰图和图 2-2 堪培拉城市风光游览图。

图 2-1　堪培拉的鸟瞰图

（二）美化功能

景观设计可以使人产生美感，具有美化功能。景观艺术的环境美化功能，主要体现在视觉的形式美方面，通过其自身的形象来表达意念、传达情感。

景观设计中的最终审美目的，应当是在表现借物喻人的同时，又能使人们产生情景交融的精神享受，如图 2-3 所示为中国拙政园的荷风四面亭，以及图 2-4 澳大利亚的悉尼歌剧院。

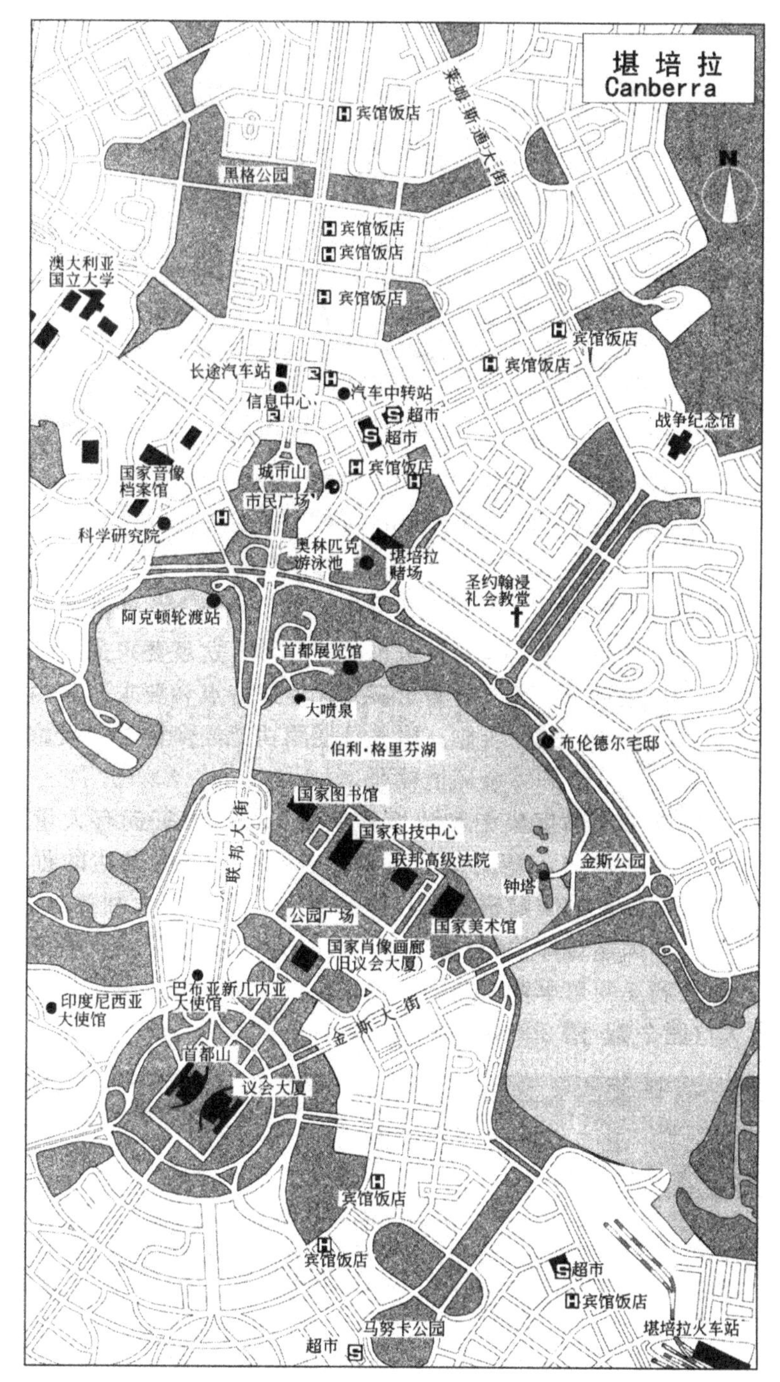

图 2-2　堪培拉城市风光游览图

图 2-3　拙政园的荷风四面亭

图 2-4　悉尼歌剧院

（三）精神功能

景观设计不仅与自然科学和技术的问题相关，同时还要与人们的生活和社会文化非常紧密地联系在一起，景观环境是人类文化、艺术与历史发展的重要组成部分。

在景观环境设计中，要了解人的需求，特别是要了解人与环境之间相互联系方面的诸多问题，尤其是人对环境的作用，以及环境对人所产生的反作用。见图2-5希腊纳克索斯岛和图2-6中国北京天坛。

图 2-5　希腊纳克索斯岛

图 2-6　中国北京天坛

在景观设计中，对于精神功能方面的表现方式是多种多样的，如静态景观的表现形式、动态景观的表现形式、有景观主题的表现形式、无景观主题的表现形式等。

（四）安全保护功能

1. 景观环境保护功能的理解

景观环境的保护功能体现在以下两个方面：

（1）景观环境的建设可以对其周围的生态环境进行有目的的保护。

（2）可以通过景观环境的设计而避免人们在活动时给周边环境带来人为的伤害，或者是能够防止周边环境中给人们带来的自然危险。

因此，在对景观环境的保护功能进行设计和实施时，就要针对其中人的活动来进行全方位的保护性分析和研究，防止景观环境中突发事故及自然灾害的产生。

2. 景观环境保护功能的形式

针对景观环境中保护功能的设计形式来讲，其保护功能所采取的主要方式有阻拦、半阻拦、劝阻、警示四种具体表现形式。

（1）阻拦形式

阻拦形式是指对景观环境中人的行为和车辆的通行加以主动积极的控制，为保障人或车辆的安全而设置阻拦设施，如设置绿化隔离带、护栏、护柱、壕沟等，见图 2-7 法国塞纳河畔。

图 2-7　法国塞纳河畔

（2）半阻拦形式

与阻拦形式相比，半阻拦形式强制的措施相对减弱，半阻拦设施的用途主要起限制和约束作用，见图 2-8 法国荣军院前广场。

图 2-8　法国荣军院前广场

（3）劝阻形式

劝阻形式的一般表现方式是不直接采取对行人或者车辆通行的直接阻拦，而是通过地面材质的变化或高低变化等来使其行动产生相对的困难，从而起到对人或车辆的劝阻作用，见图2-9北京大学图书馆。

图 2-9　北京大学图书馆

（4）警示形式

警示形式，是直接利用文字或标志的提示作用，来告诫行人或者车辆的活动界限，以警示其危险性，见图 2-10 法国巴黎凯旋门。

图 2-10　法国巴黎凯旋门

（五）综合功能

每个景观环境都是由不同的土地单元所构成，它们都是在具备了明显的视觉特征的同时，还兼具经济、生态和美学价值，这就是景观环境的多重性价值。其中，景观环境的经济价值主要体现在生物生产力和土地资源开发等方面，景观环境的生态价值主要体现为生物多样性与环境的功能改善等方面，而景观环境的美学价值则主要体现在它是随着时代的发展而不断地呈现出人们审美观念的变化等方面。正因如此，在景观环境的基本功能构成中还应具有综合功能的体现。

在一般情况下，景观环境的功能构成都不会以一种单独的功能来出现，它要同时把与其相关联的某些功能进行有序组合，目的是能够充分地满足人们多方面的用途和需要。

例如，荷兰的WOODN ERF（也称为生活花园），就是一个比较成功的景观构成案例。在街道的交通路线设计上，它首先是以行人优先为主，而机动车的行车路线则是采用曲线形的毛石路面来铺设，具有提醒和限速功能，并规定时速为8～14千米/小时。WOODN ERF在满足景观环境综合功能的基础上，同时也有效地解决了住宅区内行人和车辆的混行问题。这种住宅区景观环境构成模式的出现，不但丰富了景观环境的功能需求，而且还拓展了生活空间的实际用途。因此，采用这样的住宅区景观构成模式，既增强了住宅区的生命活力，又使住宅区内场地的运用充满了人性化的韵味，如图2-11所示。

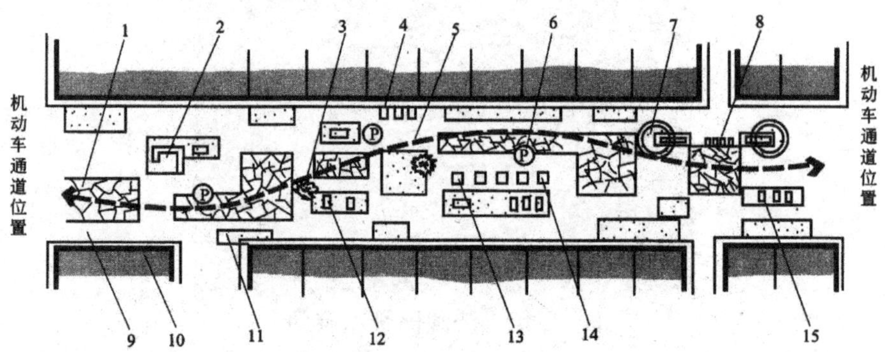

1—不连续的毛石路面；2—休息区域；3—树木；4—植被；5—行车路线；6—停车标志；7—花坛；8—自行车停放区；9—私人门前通道；10—居住建筑；11—休闲区域；12，15—长凳；13，14—停车位

图2-11　荷兰某住宅区的生活花园平面图示

影响人们对景观环境的心理需求因素非常复杂，这里既有社会方面的因素，同时又有个人方面的因素。人们在社会方面的心理需求因素包括地区的、民族的、宗教的、时代的以及邻近地区之间的相互渗透和影响等。在此，个人因素的差异也很重要，它包括人与人之间的具体需求差异和因为年龄、性别、文化修养、受教育程度、个性、习惯、喜好的不同而产生的差异，甚至还包括同一个人因在不同的时间内而产生的情绪变化差异等。

因此，面对如此多样化的共性与个性因素，在进行景观环境设计时，就应当尽可能地使大多数人得到满足。但并不是不去考虑人的个性需求，而是要将这些个性因素进行归纳和分类，并在方案设计的过程中作为最基本的问题来予以综合性的考虑。设计在某种程度上来说，还十分需要一个设计师拥有非凡的洞察力和关爱生活的情趣，用一颗热爱生活的心来对待自己身边发生的每一件事情。

二、景观设计的形态构成

景观环境的形态是由景观元素所构成的实体部分和实体所构成的空间部分来共同形成的。

实体部分的构成元素主要包括：建筑物或构筑物、地面、水面、绿化、设施和小品等。

空间部分的构成元素主要包括：空间界面（连续的界面或间断的界面）、空间轮廓、空间线形、空间层次等，如图 2-12 所示。

景观设计，应当首先从空间的角度来营造环境气氛，用空间中的设计元素来叙述主题，同时还要注重表现形式与设计内容的和谐统一。从一定意义上讲，景观设计是空间设计，而非平面规划或平面设计。景观设计平面图只是一个景观设计空间的垂直投影图，它根本无法正确表达出一个景观环境的空间形态。空间设计是景观设计的现实目的之一，而平面图上的设计探讨只可决定出一些有关设计方面的相对位置关系。

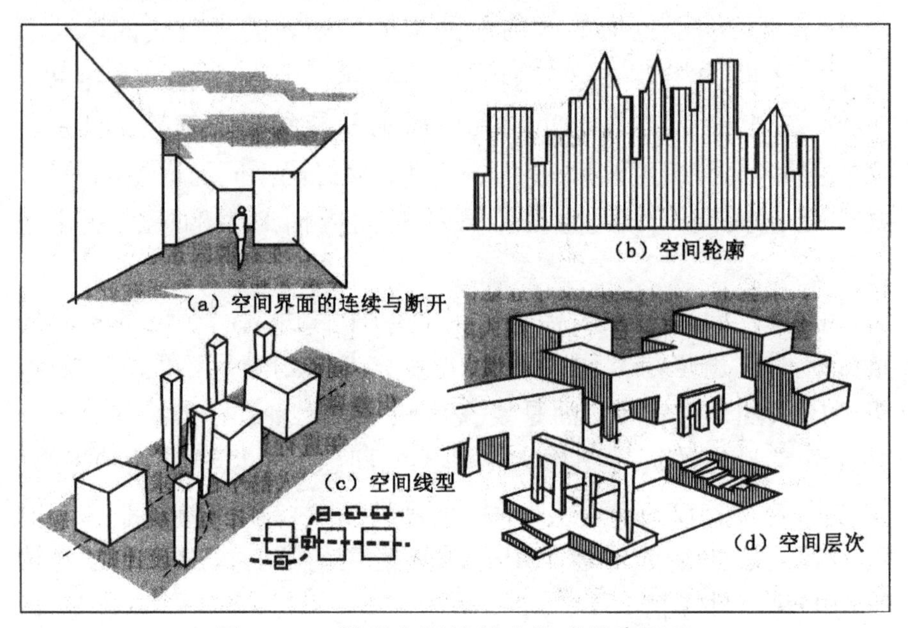

图 2-12　景观空间的基本构成元素图示

一般来说，在景观环境的形态构成方面，虽然实体能够给人带来物质上的需求，但其更主要的决定因素是空间在此起到了重要的支配作用。因此，应本着注重和强调空间形态胜过强调实体的设计理念，注重城市景观环境的空间结构以及景观格局的塑造，并通过视觉空间的领域来进行整体的景观环境设计，这是目前需要解决的关键问题。

在景观环境中，影响人们空间感知的主要因素包括一个人的文化素养、心理状态、视觉范围、时间趋向、运动速度和运动方向等。

人们对空间感受的认识和理解，伴随着科学技术的不断进步而发生转变。①这里的空间是指城市中的建筑物、构筑物、绿化植物、室外分隔墙等垂直界面和地面、水面等水平界面所围合，

① 例如，航天技术的发展使人类探索宇宙的空间范围在逐步向前延伸，从而使已知的现存空间相对地变得越来越小。同时由于信息技术的日益发展，也使时空距离近在咫尺。

由景观小品、使用者、使用元素等点缀而成的城市空间；或者是由建筑物、构筑物、绿化植物、室外分隔墙等垂直实体控制和影响的城市空间；为满足人们城市生活而提供的使用空间，如图 2-13 所示的城市空间环境图示。

图 2-13　城市空间环境图示

三、景观设计的空间构成

（一）景观空间的构成

从构成的角度来讲，城市空间是由它的底界面[①]、侧界面[②]和顶界面[③]所构成，在此也正是通过这三个不同的界面内容来共同决定了一个空间的比例、体量和形状。

（二）景观空间的类别划分

1. 从空间的横向层面划分城市空间领域

依据城市空间领域的使用性质不同，通常可以将城市空间

① 底界面，即地面部分，包括道路、广场、景观小品、设施、绿地、树木、水面等。
② 侧界面，是指由周围建筑立面等集合而成的竖向界面。
③ 顶界面，是指由周围侧界面的顶部边线所确定出的天空范围。

划分为：公共空间、半公共空间、私密空间、半私密空间四种空间类型，如图 2-14 所示。

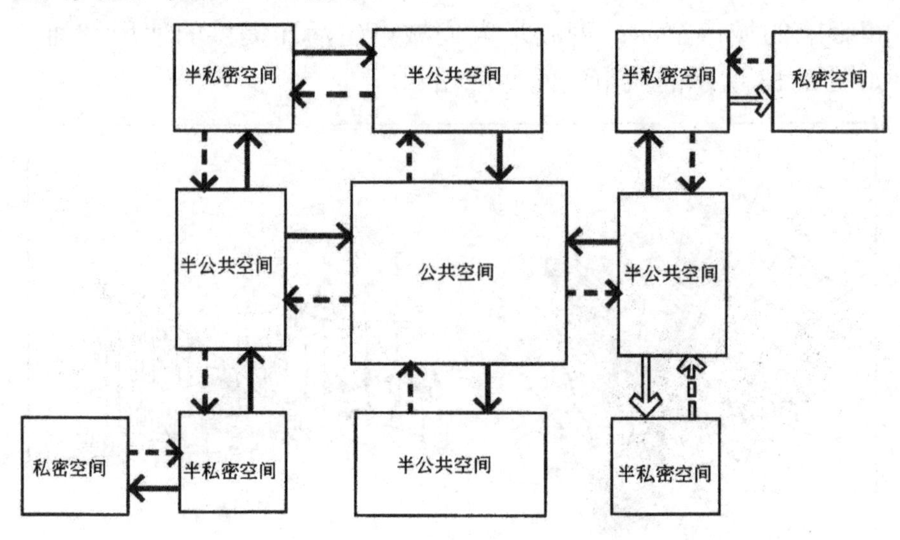

图 2-14　城市空间的类型

以上是从空间的横向层面来进行的空间构成分类。此外，还可以从空间的纵向层面上来进行分类。

2. 从空间的纵向层面划分城市空间领域

如果按照一个空间在形体环境中所处的相对位置来划分，则又可将空间构成的形式分为：地面空间、地下空间和空中空间三种基本类型。无论采取哪一种空间构成的划分形式，其目的都是更方便于空间设计研究和空间形式分析。在景观设计过程中，应当根据实际需要以及设计的具体特点来合理地对空间进行构建和分类。随着城市建设的不断发展，人们对地下公共空间和空中公共空间的探索与开发越来越重视。①

① 发展地下公共空间和空中公共空间，不仅可以扩大城市生活的范围，增加城市生活的趣味性，同时也相对地提高城市土地资源的综合利用率。例如，屋顶花园、高架交通线、地铁、地下商城、地下超市、地下停车场等的建设项目。

（三）景观空间的特点和主要空间

1. 景观空间的特点

景观环境中的空间，可能是相对独立的一个整体空间，也可能是一系列相互有联系的序列空间。在城市景观环境的空间特点上，其空间的连续性和有序性占据了空间构成中的主导地位。一个整体空间的连续性和有序性，是指通过设计的方式根据各个空间的不同功能、不同面积、不同形态等因素而将其在整体空间中进行合理搭配、相互联系、有序排列的一种空间构成体系。例如，一个从住宅—庭院—绿地—园林—街道再到广场等的空间连续性和有序性。在此，总是要尽可能地保持居住区景观环境序列的合理、连续以及完整，如图 2-15 所示。

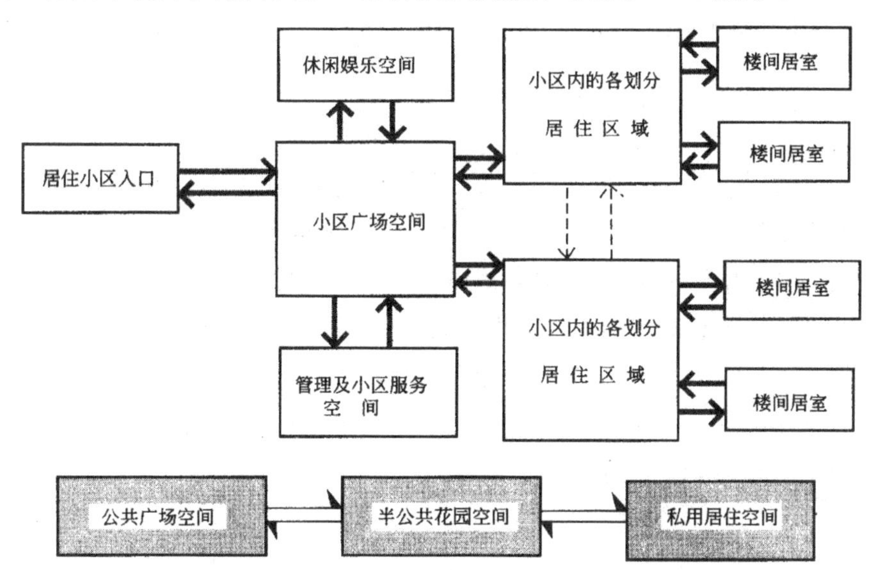

图 2-15　居住区景观环境的空间序列图示

2. 景观设计中的主要空间

一般来讲，城市景观设计，主要是设计城市的公共空间部分，它主要包括城市的街道景观、居住区景观、广场景观、滨水景观、绿化景观等。其中设计最多的要数街道、居住小区和广场。

（1）街道景观

街道是城市中公有化最突出的空间，也是城市中最富有人情味的活动场所之一。通过街道景观环境的设计，不但可以表现出一个城市的整体演变与发展，同时还能够从不同的侧面反映出一个城市的文化特色和个性特征。

（2）居住小区景观

居住小区的景观环境属于城市中的半公共空间，是居民进行户外活动和邻里交往的场所，它体现了人们对生活方式的向往与追求。

（3）城市的广场景观

城市的广场景观环境是城市形象的代表，它被誉为城市的会客厅。城市广场的景观环境与周围的建筑物、街道、设施等共同构成城市的活动中心。

（四）景观空间界定及地域性特征

空间是人类赖以生存的最基本的物质元素。空间能够使被它所包围的一切事物，产生某种特殊的感情色彩。

在景观设计中，如果从空间构成的角度来进行分析，景观环境是自身体量和外部空间之间的结合体，它们在不同的地域文化背景中，都可以表现出各自所限定的景观体量与空间环境之间的联系，从而构成了具有地域性景观的外部空间环境，见图 2-16 埃及哈夫拉金字塔。

图 2-16　埃及哈夫拉金字塔

所谓地域性景观，是指一个地区自然景观与历史文脉的总和，这里包括它的气候条件、地形地貌、水文地质、动植物资源、历史资源、文化资源和人们的各种活动以及行为方式等。

应该说，在某一个地理区域内，景观环境的含义应当具有某种文化上的特殊性，然而在此区域之内景观环境本身也会同时具有一定的普遍性。

任何复杂的景观环境形态，当对它进行分解简化后，都可以得到点、线、面、体等基本构成要素。一棵树木的平面投影可以看作一个点，立面投影又可理解为一条线；一段围墙的平面和侧面投影是一条线，而正投影则是一个面；三棵树木的平面投影若按“一”字排列时，其正投影可形成面；如果这三棵树木的平面投影按照三角形的形式排列时，那么这三个平面上的点就能够在整体的构成形态上限定出一个空间，如图 2-17 所示。

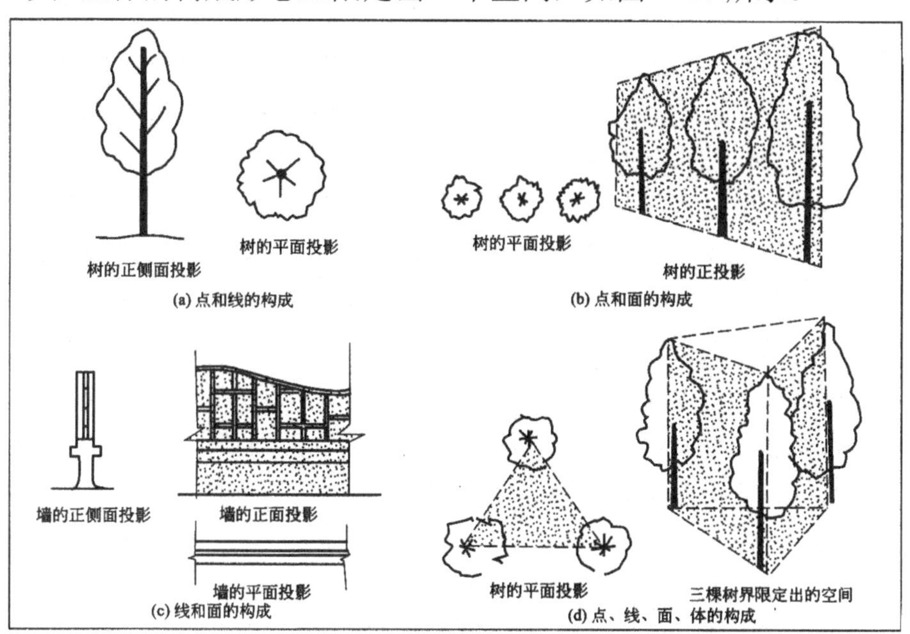

图 2-17　景观环境形态中的点、线、面、体

在伊斯兰建筑中，清真寺利用穹隆周围四个角上的小尖塔，限定出了一个虚幻的正方体空间，与建筑自身虚实相映，可体现出伊斯兰民族所特有的精神和力量，见图 2-18 土耳其的圣索

菲亚大教堂。

图 2-18　土耳其的圣索菲亚大教堂

（五）景观的时间与运动

尺度的含义，不仅可以反映出空间的形态，也能够体现出时间的状态。时间尺度是指其动态变化的时间间隔。在中国传统景观设计中所追求的“步移景异”“得景随机”就是利用时间与空间之间进行相互转化、相互渗透的意境深化过程。

随着社会的发展与时代的变迁，人们欣赏景物的习惯也发生了一定的变化。早在过去，古代人更多的时间是处于静态地观赏景色，十分强调内心的平静和画面的完整性。到如今，由于生活节奏的加快，特别是交通工具的改变，使现代人更多的时间是处于动态地欣赏周围景色，因此，就更有必要来强调出一幅画面与另一幅画面的连续性和过渡性，强调观赏者的运动路线以及观赏者和运动系统的关系。

景观环境设计与建筑设计的最大区别在于，景观环境是随着季节和时间的变化而不断地发生改变的。

从一定意义上讲，景观环境本身是一个具有生命力的客体，它始终处于不断生长、运动和变化之中。因此，景观设计应当把空间与时间运动的思想理念作为人们认识自然和感受自然的出发点。必须要正确地认识和理解景观环境的时间性与时效性因素，注重景观环境随着时间的变化而产生的运动效果，应塑造出一个随着时间的延续而可以不断得到更新、相对稳定的景观动态效果，如图 2-19 所示。

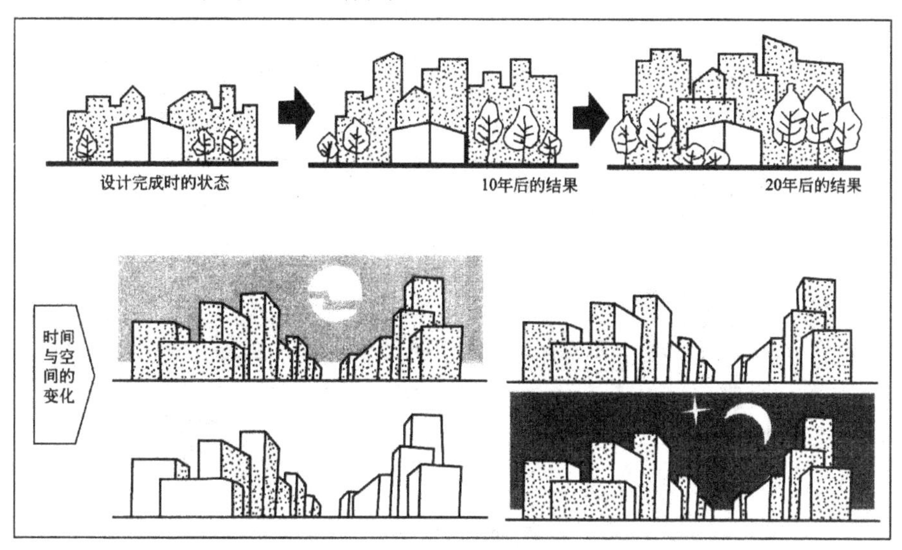

图 2-19　景观环境的时间与空间运动图示

（六）景观空间尺度与心理感受

1. 景观空间尺度

对于景观尺度的研究包括空间和时间两个方面，这里仅对空间尺度进行简要的介绍。

在景观环境中，空间尺度是指景观单元的体积大小，而时间尺度指的是其动态变化的时间间隔。

感受景观空间的体验，应当首先是从与人体尺度相关的室内空间开始，并以此作为恒量一个景观空间的大与小、高与低的基本体验，即一个人的空间尺度感受及体验主要来源于他对自身生活空间的理解和追求。不同阶层的人，对同一个空间的感受和评价会有所差别；而同一阶层的人，也会因时间、地点、心理的差别而使他们对空间的感受和评价不完全相同。

一个室内空间的尺度感，主要反映在平面尺度和垂直尺度两个方面。其中，垂直尺度的变化对整个室内空间的影响最大。室内空间的四周墙壁起着围合的封闭作用，而顶棚界面的高与低则决定了室内空间的亲切程度。在室内空间中，其垂直尺度对人们空间尺度感受的影响，是相对于这个室内的平面尺度而言，如图 2-20 所示。

图 2-20　室内环境的空间尺度感觉图示

此外，室内空间的平面尺度和顶棚形状也会对人们的心理感受产生影响，如图 2-21 所示。

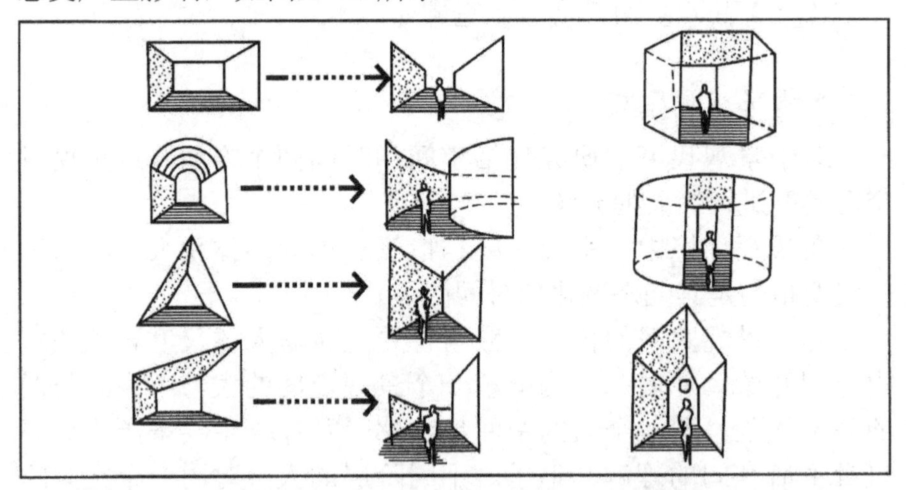

图 2-21　底界面和顶界面发生变化时人们的不同感受图示

2. 景观空间的心理尺度

人们对空间的心理感受是一种综合性的心理活动，它不仅体现在尺度和形状上，而且还与空间中的光线、色彩及装饰效果有关。对此，在景观设计的空间感受中，应当具体问题具体分析，万万不可千篇一律或生搬硬套，如一个人的运动速度不同，那么他的空间感受也不相同。

（七）人的视觉范围及观察特性

人们在进行空间感受的过程中，由于视觉感受在此占有主导性的地位，并且人眼的视觉距离和视角都具有生理上的局限性。因此，必须先了解人眼的视觉范围及观察特性。在正常光照的情况下，当人眼距离观察物体 25 米时，可以观察到物体的细部；当人眼距离观察物体 250 ～ 270 米时，可以看清物体的外部轮廓；当人眼距离观察物体 270 ～ 500 米时，只能看到一些模糊的形象；但是在人眼距离观察物体远到 4000 米时，就不能够看清物体。人眼的视角范围近似一个扁圆锥体，其水平方向视角为 140°，最大值为 180°。垂直方向的视角为 130°，向上看比向下看约小 20°，即向上看为 55°，向下看为 75°，而人眼最敏感的垂直视角区域只有 6° ～ 7°，见图 2-22 所示。

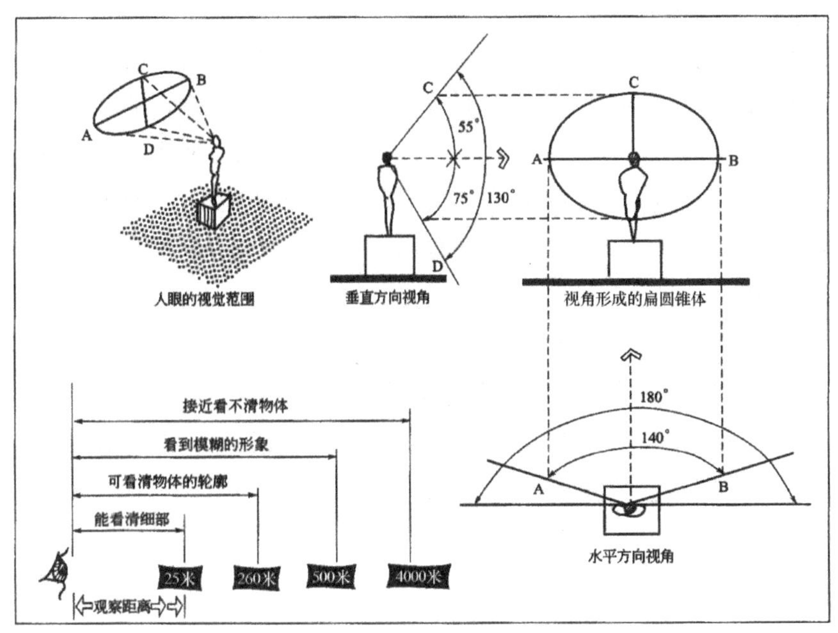

图 2–22　人眼的视觉范围及观察特性图示

一般情况下，人们观察物体时，头部会通过移动来辅助人眼的活动。在景观设计中，对于这一点应给予充分的考虑。

在进行景观设计时，应当有效地利用视距和视角这一基本原理，来更好地感知外部空间，并做好景观环境的规划和布局。

影响人们对空间的视觉感受因素有很多，如人对环境的熟悉程度、环境光的照射亮度、光影的对比强度、色彩效果以及环境的空间形态等。

第二节　景观设计的要素

一、地形

（一）地形的形态

地形泛指陆地表面各种各样的形态，从大的范围可分为山地、高原、平原、丘陵和盆地五种类型，根据景观的大小可延伸为山地、江河、森林、高山、盆地、丘陵、峡谷、高原、平原、土丘、台地、斜坡、平地等复杂多样的类型。总结起来，可将地形划分为平坦地形、凸地形（凸起的地形）和凹地形（凹陷的地形）。

地形的形态直接影响景观效果，所以要根据排水、灌溉、防火、防灾、活动项目和建筑等各种景观所需来选择和设计地形形态。例如，需视野开阔，就要相应地选择平坦地形；而要采光好，就要选择阳坡等，如云南的石林。

（二）地形的作用分析

地形在景观中的作用具有以下几个方面。

1. 地形的骨架作用

景观设计中的其他要素都在地形上来完成，所以地形在景观设计中是不可或缺的要素，是其他要素的依托基础和底界面，是构成整个景观的骨架。

2. 地形的空间作用

利用地形不同的组合方式来创造外部空间，使空间被分隔成不同性质和不同功用的空间形态。实现空间的分隔可通过对原基础平面进行土方挖掘，以降低原有地平面高度，可做池沼等；或在原基础平面上增添土石等进行地面造型处理，可做石山、土丘等；或改变海拔高度构筑成平台或改变水平面，这些方法中的多数形式对构成凹凸地形都非常有效。另外，不同的地形进行组合，也能起到很好的空间作用，如台地与陡坡组合可增加空间纵深感。

3. 地形的造景作用

不同的地形能创造不同园林的景观形式，如地形起伏多变创造自然式园林，开阔平坦的地形创造规则式园林。要构成开敞的园林空间，需要有大片的平地或水面；幽深景观需要有峰回路转层次多的山林；大型广场需要平地，自然式草坪需要微起伏的地形。

4. 改善小气候的作用

地形的凹凸变化对于气候有以下几个方面的影响。

（1）对环境的影响

从大环境来讲，山体或丘陵对于遮挡季风有很大的作用；从小环境来讲，人工设计的地形变化同样可以在一定程度上改善小气候。

（2）对采光的影响

从采光方面来说，如果为了使某一区域能够受到阳光的直接照射，该区域就应设置在南坡，反之选择北坡。

（3）对风向的影响

从风向的角度来讲，在作景观设计时，要根据当地的季风来进行引导和阻挡，如土丘等可以用来阻挡季风，使小环境所受的影响降低。在作景观设计时，要根据当地的季风特征做到冬季阻挡和夏季引导。

5. 审美和情感作用

可利用地形的形态变化来满足人的审美和情感需求。地形在设计中可作为布局和视觉要素来使用，利用地形变化来表现其美学思想和审美情趣的案例很多，如私家园林中常以“一峰则太华千寻，一勺则江湖万里”来表达主人的情感。

（三）不同的地形形态在景观设计中的处理

1. 平坦地形在景观设计中的处理

平坦地形没有明显的高度变化，总处于静态、非移动性，并与地球引力相平衡，给人一种舒适和踏实的感觉，成为人们站立、聚会或坐卧休息的理想场所。

图 2–23　平坦地形的稳定性

但是，由于平坦地形缺乏三维空间，会造成一种开阔、空旷、暴露的感觉，没有私密性，更没有任何可遮风蔽日、遮挡不悦景色和噪声的屏障。由此，为了解决其缺少空间制约物的问题，我们必须将其加以改造，或给加上其他要素，如植被和墙体。

水平地形自身不能形成私密的空间限制

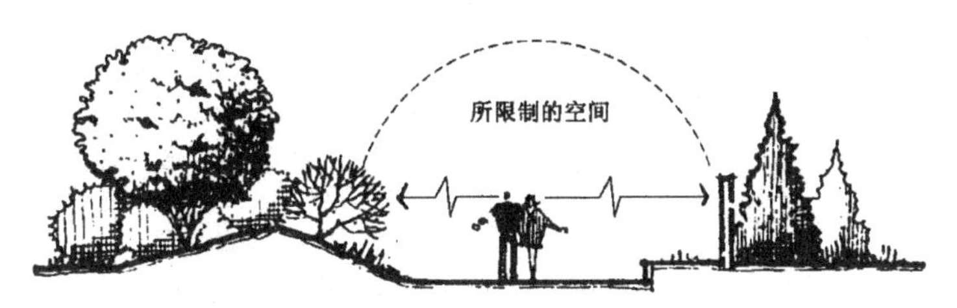

空间和私密性的建立必须依靠地形的变化和其他因素的帮助

图 2-24　其他因素对于平坦地形的改造

平地在视觉上空旷、宽阔，视线遥远，景物不被遮挡，具有强烈的视觉连续性。平坦地形本身存在着一种对水平面的协调，它能使水平线和水平造型成为协调要素，使它们很自然地符合外部环境（图 2-25）。相反，任何一种垂直线型的元素，在平坦地形上都会成为一突出的元素，并成为视线的焦点（图 2-26）。

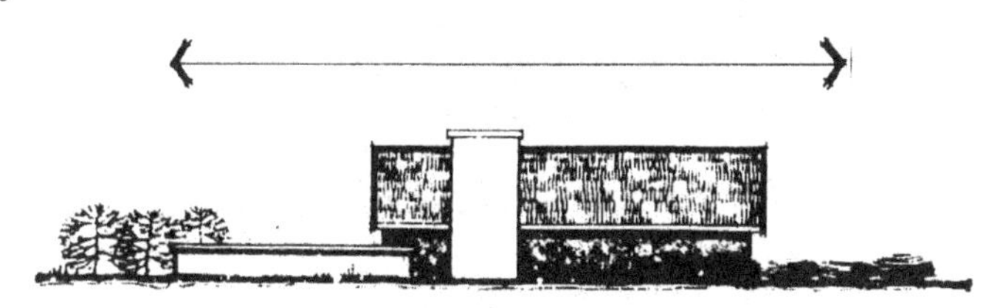

图 2-25　平坦地形对水平面的协调性

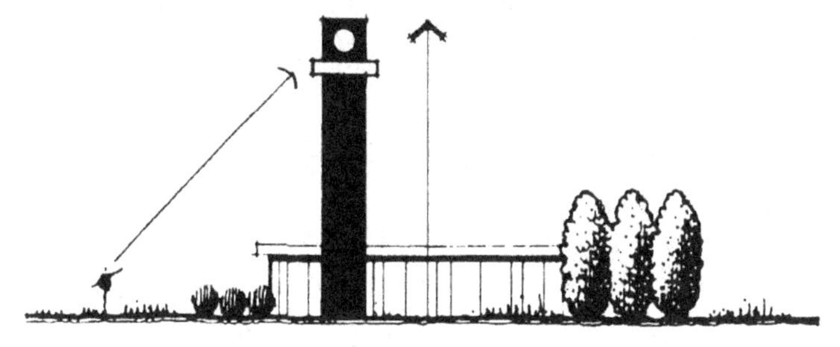

图 2-26　垂直形状与水平地形的对比

由于平坦地形的这些特性，使其在处理上也有其特殊之处。总的来说，平地可作为广场、交通、草地、建筑等方面的用地，以接纳和疏散人群，组织各种活动或供游人游览和休息。

2. 凹地形在景观设计中的处理

凹面地形是一个具有内向性和不受外界干扰的空间。它可将处于该空间中任何人的注意力集中在其中心或底层，凹地形通常给人一种分割感、封闭感和私密感。

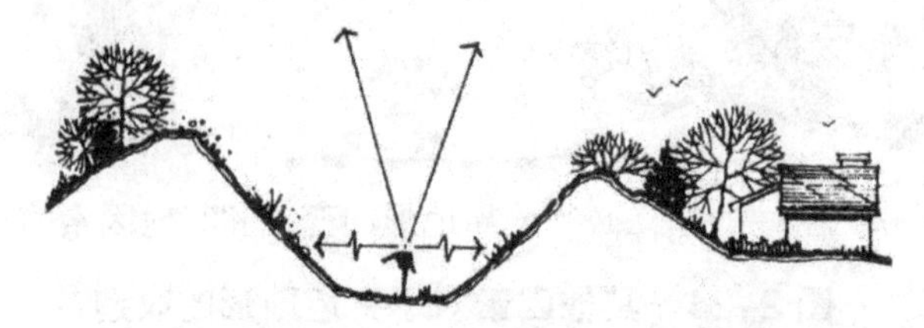

图 2-27 凹地形的分割感、封闭感和私密感

凹地形具有封闭性和内倾性的特征，可以成为理想的表演舞台，演员与观众的位置关系正好说明了凹地形的“鱼缸”特性。

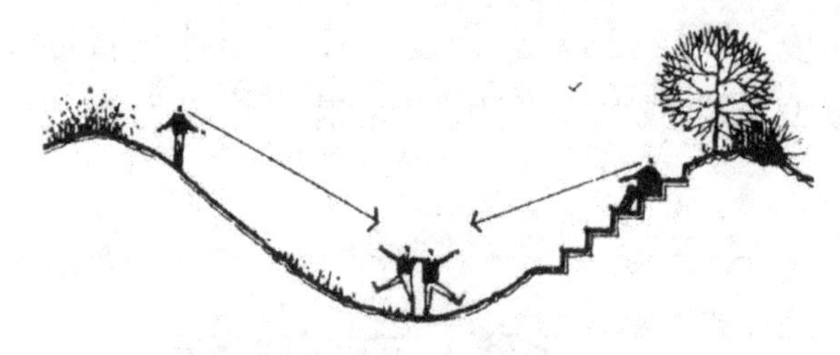

图 2-28 凹地形的“鱼缸”特性

3. 凸地形在景观设计中的处理

凸地形在景观中可作为焦点物或具有支配地位的要素，特别是当其被较低矮、更具中性特征的设计形状所环绕时，尤为如此；它也可作地标在景观中为人定位或导向。

如果在凸面地形的顶端焦点上布置其他设计要素，如楼房或树木，那么凸面地形的这种焦点特性就会更加显著。这样一来，凸面地形的高度将增大，从而使其在周围环境中更加突出并与地面高度结合，共同构成一个众所周知的地标。

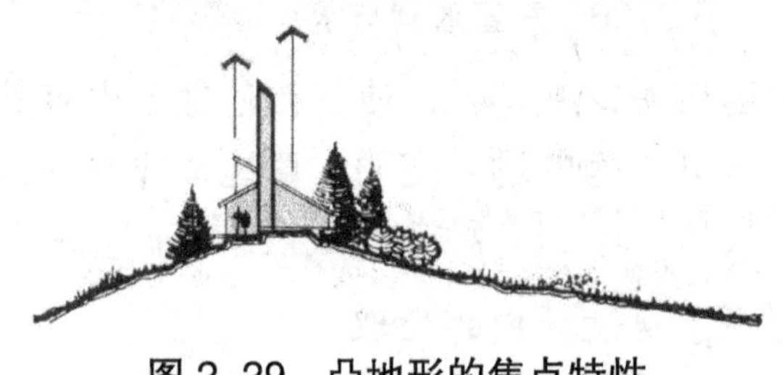

图 2-29 凸地形的焦点特性

除了焦点性外，凸地形还具有外向性的特点，如图2-30所示。

图 2-30　凸地形的外向性

二、水体

（一）水体的形态

水体的形态，按照不同的依据，具有不同的分类方法，具体可见表 2-1。

表 2-1　水体的形态划分

不同的依据	划分的类别	各类别的特征
水体的形式	自然式水体水景	自然式水体是保持天然的或模仿天然形状的水体形式，如河、湖、溪、涧、潭、泉、瀑布等。自然式水体在园林中随地形而变化，有聚有散，有直有曲，有高有低，有动有静
	规则式水体水景	规则式水体是人工开凿成的几何形状的水体形式，如水渠、运河、几何形水池、水井、方潭以及几何体的喷泉、叠水、水阶梯、瀑布、壁泉等，常与山石、雕塑、花坛、花架、铺地、路灯等园林小品组合成景
	混合式水体水景	混合式水体水景是规则式水体与自然式水体的综合运用，两者互相穿插或协调使用。
水流的形态	静水	不流动的、平静的水，如园林中的海、湖、池、沼、潭、井等。粼粼的微波、潋滟的水光，给人以明洁、恬静、开朗、幽深或扑朔迷离的感受

续表

不同的依据	划分的类别	各类别的特征
水流的形态	动水	动水如溪、瀑布、喷泉、涌泉、水阶梯、曲水流觞等，给人以清新明快、变幻莫测、激动、兴奋的感觉。动水波光晶莹，光色缤纷，伴随着水声淙淙，不仅给人以视觉，还能给人以听觉上的美感享受。动水在园林设计中有许多用途，最适合用于引人注目的视线焦点上

（二）水体的特征举要

水体有着大量的、自身所独具的特性，影响着园林设计的目的和方法。水体的特征，可论述为以下几个方面。

1. 透明性

水体首先具有透明性的特征。水本身无色，但水流经水坡、水台阶或水墙的表面时，这些构筑物饰面材料的颜色会随着水层的厚度而变化，所以，水池的池底若用色彩鲜明的铺面材料做成图案，将会产生很好的视觉效果。

图 2-31　水体的透明性

2. 可塑性

水本身无固定的形状，其形状由容器所造就。如图 2-32 所示，水体边际物体的形态，塑造了水体的形态和大小，水体的丰富多彩，取决于容器的大小、形状、色彩和质地等。

图 2-32 水体的可塑性

水是一种高塑性的液体，其外貌和形状也受重力影响，由于重力作用，高处的水向低处流，形成流动的水；而静止的水也是由于重力，使其保持平衡稳定，一平如镜。

3. 音响性

运动着的水，无论是流动、跌落，还是撞击，都会发出各自的音响。水声包括涓涓细流、叮咚滴水、噗噗冒泡、哗哗喷涌、隆隆怒吼、澎湃冲击或潺潺流淌等各种迷人的音响效果。因此，水的设计包含了音响的设计，无锡寄畅园的八音涧就是基于水的这个特性而创作的。

4. 泡沫性

喷涌的水因混入空气而呈现白沫，如混气式喷泉喷出的水柱就富含泡沫。另外，驳岸坡面表面粗糙则水面会激起一层薄薄的细碎白沫层（与坡面的倾角有关）。[①]

图 2-33 水体的泡沫性

① 若坡面上设计几何图案浮雕，则水层与坡而凸出的图案相激，会产生独特的视觉效果。

5. 倒影性

平静的水面像一面镜子，在镜面上能不夸张地、形象地再现周围的景物（如土地、植物、建筑、天空和人物等），所反映的景物清晰鲜明，如真似幻，令人难以分辨真伪。

图 2–34　水体的倒影性特征

6. 人的亲水性

人在本能上是喜爱接触水的，尤其是小孩子，对水的喜爱更为强烈，无论是否有人鼓励，小孩子总是喜欢玩水，可以把大量时间消耗在戏水上。炎炎夏日若是泡在水中，更觉得十分舒畅、愉快。

（三）水景设计

1. 水景设计的原则

（1）景观原则

水有较好的可塑性，在环境中的适应性很强，无论春夏秋冬均可自成一景。水体本身就具有优美的景观性，无色透明的水体可根据天空、周围景色的改变而改变，展现出无穷的色彩；水面可以平静而悄无声息，也可以在风等外力条件下变幻无常，静时展现水体柔美、纯净的一面，动时发挥流动的特质；如与建筑物、石头、雕塑、植物、灯光照明或其他艺术品组合相搭配，会创造出更好的景观效果。

（2）生态原则

水景的设计一定要遵循生态化原则，即首先要认清自然能提供给我们什么，我们又该如何利用现有资源而不破坏自然的本色。比如，还原水体的原始状态，发挥水体的自净能力，做到水资源的可持续利用，这样既能节约成本，还能达到人们热爱自然、亲近自然、欣赏自然的目的。

（3）意境和艺术原则

不同的水体形态表现不同的意境，我们可以通过模拟自然水体形态创造“亭台楼阁、小桥流水、鸟语花香”的景观意境，如在阶梯形的石阶上，水倾泻而下；在一定高度的山石上，成瀑布而落；在一块假山石上，泉水喷涌而出等水景。另外，可以利用水面产生倒影，当水面波动时，会出现扭曲的倒影，水面静止时则出现宁静的倒影，从而增加了园景的层次感和景观构图的艺术性。例如，苏州的拙政园小飞虹，倒映在水中随波浮动，宛如飞虹。

（4）特色文化原则

水景设计应避免盲目的模仿、抄袭和缺乏个性的设计，要体现地区的地方特色，与地方特色相匹配，从文化出发、突出地区自身的景观文化特色。水景是游人观赏、休闲和亲近自然的场所，所以要尽量使人们在欣赏、放松的同时，真正体会到景观文化的内涵。

2. 水景设计的要点

（1）水容易产生渗漏现象，所以要处理好防水、防潮层、地面排水等问题。

（2）水景要有良好的自动循环系统，这样才不会成为死水，从而避免视觉污染和环境污染。

（3）池底所选用的材料、颜色、明暗不同会直接影响到观赏的效果，所产生的景观也会随之变化。

（4）注意管线和设施的隐蔽性设计，如果显露在外，应与整体景观搭配。寒冷地区还要考虑结冰造成的问题。

（5）安全性也是不容忽视的。要注意水电管线不能外漏，以免发生意外。再有就是根据功能和景观的需求控制好水的深度。

3. 不同类型的水景设计

（1）水池的设计

水池是水景设计常用的组景方式，根据规模的大小一般可分为点式、线式和面式三种形式。

点式水池（图 2-35）指较小规模的水池或水面，它布局较灵活，因此它既可单独设置，也可与花坛、平台等设施组合设置。

图 2-35　点式水池

线式水池（图 2-36）指细长的水面，有一定的方向感，并有划分空间的作用。线式水面中，一般都采用流水，可将许多喷泉和水体连接起来，形成富有情趣的景观整体。线式水池一般都较浅，人们可涉足水中尽情玩乐，直接感受到水的凉爽、清澈和纯净。另外，也可与石块、桥、绿化、雕塑以及各种休闲设施结合起来，创造丰富、生动的环境空间。

图 2-36　线式水池

面式水池（图 2-37）是指规模较大，在整个环境中能起控制作用的水池或水面，其常成为环境空间中的视觉主体。根据所处环境的性质、窄间形态、规模，面式水池的形式也可灵活多变，既可单独设置，随意采用规则几何形式或不规则形式，也可多个组合成复杂的平面形式，或叠成立体水池。

面式水池在园林中应用较为广泛，面式水池的水面可与其他环境小品如汀步、桥、廊、舫、榭等结合，让人置身于水景中，同时水面也可植莲、养鱼，成为观赏景观。

图 2-37　面式水池

（2）喷泉的设计

喷泉（图 2-38）是人工构筑的整形或天然泉池，以喷射优美的水形取胜。在现代城市环境中，出现的主要是人工喷泉，多分置在建筑物前、广场中央、主干道交叉口等处，为使喷泉线条清晰，常以深色景物为背景。喷泉以其独特的动态形象，成为环境空间中的视觉中心，烘托、调节环境气氛，满足人们视觉上的审美感受。

图 2-38　喷泉

（3）瀑布的设计

人工瀑布（图 2-39）是人造的立体落水景观，是优美的动态水景。天然的大瀑布气势磅礴，给人以“飞流直下三千尺，疑是银河落九天”之艺术感染，园林中只能仿其意境。由瀑布所创造的水景景观极为丰富，由于水的流速、落差、落水组合方式、落坡的材质及设计形式的不同，瀑布可形成多种景观效果，如向落、片落、棱落、丝落、左右落等多种形式。不同的形式，传达不同的感受，给人以视觉、听觉、心理上的愉悦。

图 2-39　瀑布

三、建筑

建筑是景观设计中最为重要的环境构成要素之一。建筑能反映一个国家的历史、文化、政治、经济、艺术的综合实力和成就。建筑景观是城市空间环境布局、建筑群体以及城市精神文明与物质文明的整体展现，如图 2-40 所示为上海——现代城市建筑景观。

从宏观的景观环境概念来看，一个没有建筑的景观传达给人的视觉信息是苍白的，没有生命力的。无论古代还是今天，中国的城市景观和园林景观，建筑唱的都是“主角”。特别是中国的古代建筑，无愧于人类的文明发展史，是世界建筑体系的骄傲，如图 2-41 所示的故宫——中国传统建筑景观。

图 2-40　上海——现代城市建筑景观

图 2-41　故宫——中国传统建筑景观

在当前的城市景观设计中，建筑不仅是景观环境中的组成部分，它还具有两种独立的景观形式，应加以尊重和保护。

一是在城市的发展史上具有代表性的公共历史建筑景观，将成为一段历史时期的一种人文精神与科学技术的代表，在当代的景观设计中，一定要将其作为民族文化遗产倍加珍惜和保护，不能随意破坏；二是在某一历史时期具有代表性的、有民族特色的民居建筑和完整的典型街区景观，在城市改建进程中，不能完全拆旧建新，应传承其精华，延续其文脉。

四、植物

（一）植物的类型

1. 乔木

乔木有独立明显的主干，可分为小乔（高度 5 ～ 10 米）、中乔（高度10～20米）、大乔（高度20米以上），是园林植物景观营造的骨干材料。乔木树体高大，枝叶繁茂，生长年限长，管理粗放，绿化效益高，常可观花、观果、观叶、观枝干、观树形等。按植物的生长特性把乔木分为常绿类和落叶类。

（1）常绿乔木

叶片寿命长，一般为一年至多年，每年仅仅脱落部分老叶，才能生长新叶，新老叶交替不明显，因此，全树终年有绿色，所以呈现四季常青的自然景观。常绿乔木又可分为常绿针叶类和常绿阔叶类。常绿针叶类如油松、雪松、白皮松、黑松、华山松、云杉、冷杉、南洋杉、桧柏、侧柏等；常绿阔叶类如广玉兰、山茶、女贞、桂花等。

（2）落叶乔木

每年秋冬季节或干旱季节叶全部脱落的乔木。落叶是植物减少蒸腾、度过寒冷或干旱季节的一种适应，这一习性是植物在长期进化过程中形成的。落叶乔木包括落叶针叶树类和落叶阔叶树类。落叶针叶树类如金钱松、落羽杉、水杉、水松、落叶松等；落叶阔叶树类如银杏、梧桐、栾树、鹅掌楸、白蜡、紫叶李、法国梧桐、毛白杨、柳树、榆树、玉兰、国槐等。

2. 灌木

灌木通常指那些没有明显的主干、呈丛生状态的树木，一般可分为观花类、观果类、观枝干类等。灌木种类繁多，形态各异，在园林设计中占有重要地位，主要用于分隔与围合空间。常用灌木有海棠、月季、紫叶小檗、金叶女贞、黄杨、牡丹、樱花、榆叶梅、紫薇、迎春、碧桃、紫荆、连翘、棣棠、白蜡等。有些花灌木常植成牡丹园、樱花园等。

3. 花卉

草本花卉为草质茎，含木质较少，茎多汁，支持力较弱，茎的地上部分在生长期终了时就枯死。它的主要观赏及应用价值在于其花叶、色彩、形状的多样性，而且其与地被植物结合，不仅增强地表的覆盖效果，更能形成独特的平面构图。

在绿化时选择不同类型和不同品种种植，可根据市场或应用需要通过控制温度、日照等方法人为地控制其开花期，以丰富节日或特殊的需要，还能带来可观的经济效益。

常用的草本花卉按其生育期长短不同分为以下三类。

（1）一年生草本花卉：生长期为一年，当年播种，当年开花、结果，当年死亡，如一串红、鸡冠花、凤仙花。

（2）两年生草本花卉：生长期为两年，一般是在秋季播种，到第二年春夏开花、结果直至死亡，如石竹、三色堇等。

（3）多年生草本花卉：生长期在两年以上，它们的共同特征是都有永久性的地下根、茎，常年不死，如美人蕉、大丽花、郁金香、唐菖蒲、菊花、芍药、鸢尾等。

4. 藤本

藤本植物的茎细长而弱，不能直立，只能匍匐地面或缠绕或攀缘墙体、护栏或其他支撑物上升。藤本植物在增加绿化面积的同时还起到柔化附着体的作用。具木质茎的称木质藤本植物，具草本茎的称草质藤本植物。木质藤本植物如紫藤、葡萄；草质藤本植物如牵牛花、葫芦。

5. 草坪

草坪是用多年生矮小草本植株密植，并经修剪的人工草地。草坪不仅可以美化景观，还可以覆盖地面，涵养水源。它一般种植于房前屋后、广场、空地，供观赏、游憩；也有植于足球场作运动场地之用；还有植于坡地和河坝作保土护坡之用。18世纪中期，大量使用草坪就是英国自然风景园的最大特点，而中国近代园林中也开始用草坪。常用的草坪植物主要有结缕草、狗牙根草、早熟禾、剪骨颖、野牛草、高羊茅、黑麦草等。

6. 水生植物

水生植物指生理上依附于水环境、至少部分生殖周期发生在水中或水表面的植物类群。水生植物有挺水植物、浮叶植物、沉水植物和自由漂浮植物。水生植物可以大大提高水体景观的观赏价值。

（二）植物的功能

景观设计中的唯一具有生命的要素，那就是植物，这也是区别其他要素的最大特征。树木、花卉、草坪遍及园林的各个角落。植物使园林披上绿衣，呈现色彩绚丽的景象；植物可以遮阳、造氧，使空气湿润清新；还可以保持水土，有利于长久地维持良好的生态环境；植物的四季色彩变化更增添了园林的魅力……总体来看，植物主要有两大功能，即生态功能和审美功能，具体如下。

1. 生态功能

植物对生态环境起着多方面的改善作用，表现在净化空气，保持水土，吸附粉尘，降音减噪，涵养水源，调节气温、湿度等方面。植物还能给环境带来舒畅、自然的感觉。

2. 审美功能

（1）可作主景、背景和季相景色

植物材料可作主景、背景和季相景色。其中，主景的植物要注意形象稳定，不能偏枯偏荣；背景的植物一般不宜用花色艳丽、叶色变化大的种类；季相景色是植物材料随季节变化而产生的暂时性景色，具有周期性，通常不宜单独将季相景色作为园景中的主景。

（2）可作障景、漏景和框景作用

引导和屏障视线是利用植物材料创造一定的视线条件来增强空间感提高视觉空间序列质量。“引”和“障”的构景方式可分为借景、对景、漏景、夹景、障景及框景等，起到“佳则收之，俗则屏之”的作用。

障景——“佳则收之，俗则屏之”。这是中国古典园林中对障景作用的形象描述，使用不通透植物，能完全屏障视线通过，达到全部遮挡的目的。

漏景——采用枝叶稀疏的通透植物，其后的景物隐约可见，能让人获得一定的神秘感。

（3）构成空间

植物可用于空间中的任何一个平面，以不同高度和不同种类的植物来围合形成不同的空间。空间围合的质量决定于植物材料的高矮、冠形、疏密和种植的方式。

除此之外，植物配置可以衬托山景、水景，使之更加生动；在建筑旁边的植物可以丰富和强调建筑的轮廓线。

（三）植物的设计原则

1. 科学原则

（1）垂直化

因水平方向绿化面积是有限的，要想在有限的空间发挥生态效益最大化，就得进行垂直方向的绿化。垂直方向的绿化可分为围墙绿化、阳台绿化、屋顶花园绿化、悬挂绿化、攀爬绿化等，主要是利用藤本攀缘植物向建筑物垂直面或棚架攀附生长的一种绿化方式。垂直绿化具有充分利用空间、随时随地、简单易行的特点，而且占地少、见效快，对增加绿化面积有明显的作用。

垂直绿化不仅起到绿化美观的作用，还可以柔化建筑体、增加建筑物的艺术效果、遮阳保温。如在垂直方向上采用不同树木的混交方式，将快长与慢长、喜光与耐阴、深根系与浅根系、乔木与灌木等不同类型的植物相互搭配，创造立面上丰富的层次效果。用于垂直绿化的植物材料，应具备攀附能力强、适应性强、管理粗放、花叶繁茂等特点。常用的有金银花、五味子、紫藤、牵牛花、蛇葡萄、猕猴桃、蔷薇等。

（2）乡土化

每个地方的植物都是对该地区生态因子长期适应的结果，这些植物就是地带性植物，即业内常说的乡土树种。乡土植物是外来树种所无法比拟的，对当地来说是最适宜生长的，也是体现当地特色的主要因素，它理所当然成为园林绿化的主要来源。

乡土化就是因地制宜、突出个性，合理选择相应的植物，使各种不同习性的景观植物与之生长的立地环境条件相适应，这样才能使绿地内选用的多种景观植物正常健康地生长，形成生机盎然的景观。

2. 生态原则

植物系统是一个极为丰富的生态系统，同时也是一个复杂的生态系统。植物因自身生态习性的差别，每一种植物都有其固有的生态习性，对光、土、水、气候等环境因子有不同的要求，如有的植物是喜阳的，有的是耐阴的；有的是耐水湿的，有的是干生的；有的是耐热的，有的是耐寒的……因此，要针对各种不同的立地条件来选择适应的植物，尽量做到“适地适树”。鉴于此，设计师要了解各种植物的不同习性，合理选种相应的植物，使之与生长的立地环境条件相适应，发挥植物最大的作用。

3. 审美原则

植物景观设计就是以乔木、灌木、草坪、花卉等植物来创造优美的景观，以植物塑造的景是供人观赏的，必须给人带来愉悦感，因而必须是美的，必须满足人们的视觉心理要求。植物景观设计可以从两个方面来体现景观的美。

（1）植物景观的形式美

植物景观的形式美，即通过植物的枝、叶、花、果、冠、茎呈现出的不同色彩和形态，来塑造植物景观的姿态美、季相美、色彩图案美、群落景观美等。例如，草坪上大株香樟或者银杏，能独立成景，体现其入画的姿态美；又如，红枫、红叶李、无患子等红叶植物与绿叶植物配置，形成强烈的色彩对比；杜鹃、千头柏、金叶女贞等配置成精美的图案，体现植物图案美、色彩美；开花植物、花卉则表现植物的季相美等。总之，春的娇媚，夏的浓荫，秋的绚丽，冬的凝重都是通过植物形式美来体现的。

（2）植物景观的意境美

意境是指形式美之外的深层次的内涵，前面讲的是植物外在的形式美，意境美则是景的灵魂。园林景观设计中最讲含蓄，往往通过植物的生态习性和形态特征性格化的比喻来表达强烈的象征意义，渲染一种深远的意境，如古典园林景观设计善用松、竹、梅、榆、枫、荷等植物来寓意人物性格和气节。

正因植物能表现深远的意境美，无论古典园林还是现代景观设计，以植物作为主题的例子很多，如杭州老西湖十景中的“柳浪闻莺”“曲院风荷”“苏堤春晓”，新西湖十景中的“孤山赏梅”“灵峰探梅”“云栖竹径”“满陇桂雨”等都以植物为主题。

4. 经济原则

园林植物景观在满足生态、观赏等要求的同时还应该考虑经济要求，结合生产及销售选择具有经济价值的观赏植物，充分发挥园林植物配置的综合效益，特别是增加经济收益。例如，对生存环境要求较小的植物进行规划种植，可选植物如柿子、山里红等果实植物，核桃、樟树等油料植物；合欢、杜仲、银杏等具有观赏价值的药用植物；桂花、茉莉、玫瑰、月季等观赏价值较高的芳香植物；荷花等既可观赏又可食用的水生植物。

（四）植物的种植方法

1. 孤植

孤植（图 2-42）是指栽种一种植物的配植方式，此树又称孤植树。单独种植的植物往往具有较好的独立观赏性，能够很好地展现自身形态。所谓孤植并非只种植一株植物，有时也可以两三株紧密栽植形成一个整体，但必须保证是同一树种，且株距不宜超过 1.5 米。

孤植树的树种选择要求较高，一般树下不得配植灌木。其树种选择一般有两种分类方式：一种是作为局部空间主景用于观赏的树种，此类树木不一定要高大浓密，但应具有优美曲折的枝干、形态利落的树叶、艳丽炫彩的花朵等较具观赏价值的元素，参考树种如雪松、金钱松、梅花、桂花、银杏、合欢、枫香、重阳木等；另一种是起庇荫作用、能够供人遮阴纳凉的高大树种，这类树种宜选择冠大荫浓、体形雄浑、分枝点高的树木。

图 2-42　孤植

2. 对植

对植（见图 2-43）是指两株相同或品种相同的植物，按照一定的轴线关系，以完全对称或相对均衡的位置进行种植的一种植物配植方式。该方式主要用于出入口及建筑、道路、广场两侧，起到一种强调作用，若成列对植则可增强空间的透视纵深感，有时还可在空间构图中作为主景的烘托配景使用。

图 2-43　对植

3. 列植

列植（图 2-44）是指将乔、灌木等按一定的株距、行距，成行或成列栽植的一种植物配植方式。它是规则式种植的一种基本形式，多运用于规则式种植环境中。若种植行列较少，在每一成行内株距可以有所变化，但在面积广阔大范围种植的树林中一般列距较为固定。

图 2-44　列植

列植广泛用于园路两侧、较规则的建筑和广场中心或周围、围墙旁、水池等处。在与道路配合时，还有夹景的效果，可以增加空间的透视感，形成规整、气势宏大的道路景观。

4. 丛植

丛植（图 2-45）是指三株及以上的同种或异种的乔木和灌木混合栽种的一种种植类型。丛植所形成的种植类型也叫树丛，这是自然式园林中较具艺术性的一种种植类型。之所以称其较具艺术性，是因为丛植的方式能够展示植物的双重美感，既可以以群体的形式展现组合美、整体美，也可以以单株的形式展现个体美。对于群体美感的表现，应注重处理树木株间、种间的关系；而鉴于单株观赏这一性质，在挑选植物树种之时也有着同孤植类似的要求，也应在树姿、色彩、芳香等各方面有较高的观赏价值。树丛在功能上可作为主景或配景使用，也可作背景或隔离、庇荫之用。

图 2-45　丛植

5. 群植

群植（图 2-46）是以二三十株同种或异种的乔木或乔、灌木混合搭配组成较大面积树木群体的种植方式。这是景观立体栽植的重要种植类型，群植所形成的相应的种植类型称为树群。树群较树丛植株数量多、栽植面积大，主要表现的是植物群体美，因此在树种选择上没有像对单株植物要求那样严格。对树群的规模来讲也并非越大越好，一般长度应不大于 60 米、长宽比不大于 3 ∶ 1 这个数值。

群植的用途较为广泛，首先，能够分隔空间，起到隔离的作用或是形成不完全背景；其次，也可以同孤植、丛植树木一样成为景观局部空间的主景；再次，由于树群树木较多，整体的树冠组织较为严密，因此又有良好的庇荫效果。

图 2-46　群植

6. 篱植

篱植（图 2-47）是指用乔木或灌木以相同且较近的株、行距及单行或双行的形式密植而成的篱垣，又称绿篱、绿墙或植篱。

图 2-47　篱植

篱植可根据功能要求和观赏特性的不同，划分为常绿篱、落叶篱、彩叶篱、花篱、果篱、刺篱、蔓篱和编篱；也可根据绿篱的不同高度，按 160 厘米、120 厘米、50 厘米三个档分为高绿篱、中绿篱、矮绿篱。

7. 花坛

花坛（图 2-48）是指在一定的几何形形体植床之内，植以各种不同的观赏植物或花卉的一种植物配植方式。它是园林中装饰性极强的一种造园元素，常作为主景或配景使用，其中作为主景或配景的花坛是以表现植物的群体美为主。

图 2-48　花坛

8. 花境

花境是指在与带状花坛有着相似规则式轮廓的种植床内，采用自然式种植方式配植植物的一种花卉种植模式。按规则方式划分，花境有单面观赏和双面观赏两种。单面观赏花境是指将植物配植处理成斜面，同时辅以背景以供游人观赏，但只为单面观赏，其种植床宽度一般为3～5米；双面观赏花境是指将植物配植处理成锥形，无须设置背景，供游人作双面观赏，其种植床宽度一般为4～8米。

9. 花丛

花丛是指数量从三株到十几株的花卉采取自然式方式配植而成的一种种植类型。常布置于不规则的道路两旁和树林边缘，也可作局部点缀草坪之用。

在花丛、花卉的选择上，可以是同一品种，也可以是多种品种的混合，但应保证同一花丛内花卉品种要有所限制，不宜过多，另外，在形态、色彩、大小上也要有所变化；在组合配植方式上，以不同品种的规律性块状平面组合为宜，且不可分单株不规则地乱植于花丛内。较常用的花丛、花卉品种如萱草、芍药、郁金香等。

五、照明

（一）景观照明设计原则

景观项目往往要求具备高质量的夜景观效果。在景观设计阶段，应统筹考虑灯具的选择和照明的效果。景观照明设计应遵循以下若干原则。

（1）必须满足场所安全所需要的最低照度要求，照度应符合国家相关标准规范。

（2）应根据场地性质、人流量、设计目标确定灯具的选择和照度的分配。广场、道路、入口、停车场等人流量大的地方照度要高于绿地、河边、散步道等人流量小的场所。

（3）要区分重点照明与非重点照明，突出重点场所、主要道路、人流节点照明。

（4）综合考虑功能性照明和装饰性照明，避免单一照明，形成轮廓照明、内透光照明、泛光照明多种方式结合的照明效果。

（5）要节能照明，避免光污染。

（二）灯具的选择与应用

常用的景观照明灯具主要有草坪灯、埋地灯、庭院灯、广场灯和路灯。

1. 草坪灯

草坪灯（图 2-49）一般高度在 0.3 ～ 0.4 米，安放在草地边或者路边，用于地面亮化。

图 2-49　草坪灯

2. 埋地灯

埋地灯（图 2-50）埋在地面下，光源从下往上照射，一般用于植物点缀照明。

图 2-50　埋地灯

3. 庭院灯

庭院灯（图 2-51）高度在 2 ～ 3 米，用于园路、广场、绿地照明。

图 2-51　庭院灯

4. 广场灯

广场灯（图 2-52）用于广场、人流会集处的照明，功率大、光效高、照射面大，高度不低于 1 米。

图 2-52　广场灯

5. 路灯

路灯（图 2-53）高度在 25 米以上，用于道路照明。

图 2-53　路灯

（三）景观照明灯具的光源

1. 光源的特征及释义

光源的特征，可通过以下几个词汇来解释。

光通量——电光源的发光能力，单位为 1 米。

光效——电光源每消耗 1 瓦电功率与光通量之比（1 米 / 瓦）。

额定功率——电光源在额定工作条件下所消耗的有功功率。

色表——人眼观看到的光源所发的光的颜色，以色温表示（单位为 K）。

显色性——在光源照明下，颜色在视觉上的失真程度。以显色指数 Ra 表示，Ra 越大则显色性越好。

2. 光源的类别划分

景观灯具的光源一般采用白炽灯、卤钨灯、荧光灯、荧光高压汞灯、钠灯、金属卤化物灯、氙灯、LED 灯。

白炽灯是应用最为广泛的光源，价格低廉、使用方便，但是光效较低，发光色调偏红色光。

卤钨灯又称为卤钨白炽灯，亮度高，光效高，应用于大面积照明，发光色调偏红色光。

荧光灯又称为日光灯，光效高、寿命长、灯管表面温度低，发光色调偏白色光，与太阳光相近，应用广泛。

荧光高压汞灯耐震、耐热，发光色调偏淡蓝、绿色光，广泛应用于广场、车站、码头。

钠灯是利用钠蒸气放电形成的光源，光效高、寿命长，发光色调偏金黄色光，广泛应用于广场、道路、停车场、园路照明。

金属卤化物灯是荧光高压汞灯的改进型产品，光色接近于太阳光，尺寸小、功率大，但是寿命短，常用于公园、广场等室外照明。

氙灯是惰性气体放电光源，光效高、启动快，应用于面积大的公共场所照明，如广场、体育场、游乐场、公园出入口、停车场、车站等。

LED 灯是以发光二极管（LED）为发光体的光源，是 20 世纪 60 年代发展起来的新一代光源，具有高效、节能、寿命长、光色好的优点，现在大量应用于景观照明。

3. 不同类别的光源特征

不同类别的光源特征，见表 2-2。

表 2-2　不同类别的光源特征

类型	额定功率范围（瓦）	光效(1米 / 瓦)	平均寿命(小时)	显色指数 Ra
白炽灯	10 ～ 100	6.5 ～ 19	1000	95 ～ 99
卤钨灯	500 ～ 2000	19.5 ～ 21	1500	95 ～ 99
荧光灯	6 ～ 125	25 ～ 67	2000 ～ 3000	70 ～ 80
荧光高压汞灯	50 ～ 1000	30 ～ 50	2500 ～ 5000	30 ～ 40
钠灯	250 ～ 400	90 ～ 100	3000	20 ～ 25
金属卤化物灯	400 ～ 1000	60 ～ 80	2000	65 ～ 85
氙灯	1500 ～ 100000	20 ～ 37	500 ～ 1000	90 ～ 94

第三章　景观设计的风格与审美

要想创造出具有个性风格的景观设计作品，必须深入了解和掌握不同景观风格的类型，以及景观设计的审美，并从中提炼和吸收精髓，还要结合景观作品的具体情况，从适合景观作品本身的角度与审美出发，确定作品将要营造的风格，并在设计中合理地加以体现。

第一节　景观设计的风格类型

一、风格及景观设计的风格概述

所谓风格，即作家、艺术家、设计家等在创作中所表现出来的创作个性和艺术特色。一件优秀的景观设计作品要展现出旺盛、长久的生命力，并成为某一空间环境的标志，就必须要有自己的风格。景观设计的风格是景观作品区别于其他同类作品，展现自身独特魅力的关键，也是其环境要素整体形象的外在表现。它应作为构思主线，自始至终贯穿于整个设计的全过程。

景观设计的风格多种多样，不同的景观风格体现出不同的特点。世界各地在时代发展和文化积累中形成了极具地方人文特色的景观设计，既有精心修剪的、规整的欧罗巴贵族庄园、加州风情的现代花园，又有如同泼墨山水画的中式庭院和孤寂在日本禅林寺院中的枯山水景观风格。对自然的不同认识和理解以及文化的差异形成了世界各地风格迥异的景观设计风格。这些不同的景观设计风格是各个国家和民族经过数代人的努力而形成的，反映了各民族的历史文化特色，深刻地展现着各民族历史和文化的精髓，为现代景观设计师进行景观设计提供了丰富的宝贵资料和设计源泉。

二、中国传统园林景观风格

中国传统园林景观从整体上看，大多是倾向于自然风格，注重发挥自然的美，追求与自然之间的和谐、相互依存的融洽关系。中国传统园林受中国传统文化的影响，以自省、含蓄、蕴藉、内秀、恬静、淡泊和守拙为美，重视情感上的感受和精神上的领悟，追求诗情画意的审美境界。

（一）中国传统园林景观风格的地域特征

中国传统在北方以皇家园林为主，如北京的颐和园、河北承德的避暑山庄等，体现的是一种集富丽堂皇的古典建筑之精华，放置于得天独厚的天然山水环境之中的恢宏气势，如图 3-1 所示的大观园。

图 3-1　大观园

南方则是以私家园林为主，如苏州园林，追求的是以有限的空间表达无限的意境之美，如图 3-2 所示的苏州留园。

图 3-2 苏州留园

（二）中国传统园林景观风格的设计特征

中国传统园林的整体造园风格可以看成一种以绘画艺术为设计蓝本的表现。

1. 构成手法的特征

在构成手法上，中国传统园林以亭台、楼阁、花木、泉石、山水等为主要元素，融入自然，顺应自然，表现自然。运用将建筑自然化的方式，巧妙地把廊、石舫、亭、台、楼阁等建筑融入山水、泉池、花木的自然环境中去，与自然相呼应，形成一种与自然和谐、统一的整体格调，以表现景观形象的天然韵律之美，以求达到“天人合一”的中国传统园林的最高境界，如图 3-3 所示的拙政园水廊。

图 3-3 拙政园水廊

2. 形态的特征

在形态上，中国传统园林追求的是自然的曲线形，园内山峰起伏，河岸、湖岸弯曲，道路蜿蜒曲折，植物皆以参差的自然姿态为主，假山高低起伏、错落有致（图 3-4），即便是亭台楼阁等人工建筑，也将其屋顶起翘，塑造出自由的曲线。

图 3–4　假山

3. 空间和色彩的特征

空间上，追求循环往复、峰回路转和无穷无尽，通过组景、造景，形成步移景异的空间效果。色彩上，皇家园林追求富丽堂皇的色彩，表现皇权至高无上的特点（图 3-5）；私家园林以粉墙黛瓦为主，讲究雅致与孤赏（图 3-6）。如同中国传统文人的淡彩浓墨，体现出中国传统文化的精髓——儒学与道学的精神观。

图 3–5　颐和园——中国古代皇家园林

图 3-6 苏州网师园——中国古代私家园林

中国传统景观建造中的立意构思、掇山理水、亭台楼阁、移花栽木、题名点景、诗情画意等都为现代景观设计提供了取之不竭的创作灵感。

现代景观设计师可以在领悟中国传统园林造园思想精髓的基础上，采用现代的技术和工艺手段，运用现代材质与传统材质相结合的方法，表达中国传统景观设计语言的风格内涵，创造出既具有传统景观审美特点，又富有现代气息的景观风格，如图 3-7 所示。

图 3-7 将传统园林审美要求运用于现代校园建筑景观

三、欧洲传统庭园风格

欧洲现代城市景观设计风格总能呈现出许多其他国家传统文化的影子，欧洲的传统庭园对欧洲现代景观设计产生了深远的影响。欧洲传统庭园不像中国古典园林那样在园林的构成要素上丰富多彩，尽管后来在中国古典园林的影响下，出现了英国风景式园林，但与中国古代山水园林的自然风格是完全不同的。欧洲传统庭园是一种规整式的庭园，讲究几何图案的组织和中轴对称，体现人工的创造和超越自然的人类征服力量，表现出开朗、规则、整齐、热烈的整体艺术风格。这与欧洲的哲学、文化、思维方式有着不可分割的联系。同时，欧洲不同国家和地区又因其独特的地理环境气候和文化背景，在景观设计中具有强烈的地方特征和风格。这里只以英国风景式园林、法国几何式园林和德国自然风景式园林为代表进行介绍。

（一）英国风景式园林风格

英国的风景式园林受中国传统园林造园的影响，并不像法国式园林中那样仅有单一的草地、修剪的树木、沙砾、雕塑和瓶饰，而是一反清晰、生硬的中轴线几何式布局，大量采用了曲线布置，大量种植树木，开辟了大片的草地，而且更热衷于花卉的培植，使其具有自然园林的气息（图 3-8）。

图 3-8　英国风景式园林

18 世纪，英国自然式风景园林对欧洲的景观设计风格产生了极大的影响。现代的英国景观设计仍然延续着其独立于欧洲大陆的“情结”，刻意保持着与他人的距离，有着自己独特的设计观念和形式追求，坚持着自然主义的景观风格。

（二）法国几何式园林风格

法国有着悠久的园林传统，因此形成了独具特色的景观风格。法国古典主义园林倾向于平面几何式，讲究中轴对称，用规整的几何图案和轴线显示路易帝王控制与征服力量的强烈意愿。园林规模宏大，人工匠气鲜明，轴线复杂，主要景观集中。

庭园推崇“艺术高于自然”“人工美高于自然美”，讲究条理与比例、主从与秩序，更加注重整体，而不强调玩味细节。法国平面几何式园林是西方古典主义规则式园林的最高体现，如著名的凡尔赛宫（图 3-9）。

图 3-9　法国凡尔赛宫

（三）德国自然风景式园林风格

德国现代景观设计最显著的风格特征就是理性至上，注重生态。德国的景观设计能够按照各种需求，以理性分析、逻辑秩序进行设计，反映出清晰的观念和思想。最能代表德国当代景观设计特征的是所谓后工业时代生态景观设计。

德国的传统园林是一种自然风景式园林，其造园思想即是利用自然风景进行造园，抛弃轴线、对称、规则式修剪等人工匠气的一面，以起伏、开阔的草地，自然、曲折的湖岸，成片的自然生长树木作为造园元素，如图 3-10 所示。

图 3-10　德国自然风景式园林

四、日本传统庭园风格

日本现代景观是在日本传统园林的基础上发展起来的。传统的日本园林主要以庭园为主。

（一）日本传统庭园的风格类型

日本传统庭园早期受到中国古典园林的影响，大都是在对中国传统园林进行模仿。随后又受到禅宗和茶道的影响，倾向于象征气氛，增加了石灯、石水钵等装饰物，表现的范围也有所扩大。总体上说，日本传统园林是一种自然风景的缩微园，它可以分为筑山式、平庭式和茶庭式三大类，而且每类庭园景观都有独特的艺术风格。

1. 筑山式与平庭式庭园风格

筑山庭在园林构架上是以地形上的筑土为山为主要景观，庭园中的土山相当于中国传统园林中的岗或阜。坡度缓和的土丘，在日本称为“野筋”，见图 3-11。

图 3-11 日本筑山式庭园

平庭则是在平坦的基地上进行园林规划，在平地上追求深山幽谷之玲珑、茂密丛林之渺漫的效果，见图 3-12。

图 3-12 日本平庭式庭园

筑山庭和平庭都有“真”“行”“草”三种庭园风格模式，真庭注重对真山真水的全方位模仿，相当于中国书法的楷书，端正、严谨；行庭注重的是局部的模拟和少量的省略，风格如同中国书法中的行书，较为自由、轻快；草庭注重的是大量的省略，其风格也类似中国书法中的草书，豪放、洒脱，十分简洁。

2. 茶庭式庭园风格

茶庭与日本传统文化有密切的关系，是源自于日本茶道文化的一种园林形式。今天，茶庭的景观作用已远大于实用功能见图 3-13。

图 3-13　日本茶庭式庭园

（二）日本庭园风格的特色——枯山水

枯山水是日本传统园林的一大特色。所谓“枯山水”，就是用石块象征山峦，用白沙象征流水，以石代山，以沙代水，用极少的构成要素达到极大的意韵效果，追求禅意的枯寂美。枯山水有两种寓意对象：一种是山涧的激流或瀑布，日本称为“枯泷”；另一种是海岸和岛屿。枯山水庭园多见于小巧、静谧、深邃的禅宗寺院。在寺院特有的环境气氛中，细细耙制的白沙石铺地，能对人的心境产生神奇的力量，表达出深沉的哲理，形成了山水庭园的独特风格，见图 3-14。

图 3-14　日本枯山水寺院

五、美国景观设计风格

美国的园林最初是模仿英国式的庭园，后来美国人把对大自然无限向往的态度融入景观设计中，形成了独具特色的加州花园风格和现代美国城市公园。美国人对自然的理解是自由、活泼的，力求保持景观既有的自然品质。美国的景观设计自然、热烈而充满活力，常采用大片的水面和巨大的瀑布，流水层层跌落，自由地穿过一个平台，漂流至更远的一片水面中，极度地接近自然，给都市营造了生态化的生活场景。另外，美国的景观设计还把生活艺术与商业等组合在一起，并自然地将活泼、热情、自由和随意的风格延伸到商业化的城市中。自然元素与先进技术的结合移植入建筑和城市中，成就了亲切、独特的城市风景。

（一）美国城市公园系统

美国建有自己的城市公园系统，其中最具代表性的公园是纽约中央公园，它是由奥姆斯特德设计的。建设城市公园系统也是由他提议的。纽约中央公园（图 3-15）的设计风格十分简洁，其主题是水、草坪与树林。

图 3-15　美国纽约中央公园

它的基地原来坐落于岩石上，沼泽遍布，并且其中部被一座水库隔断。设计中保留了很多岩石，一些沼泽被扩充为湖面，旧水库被填平并作为公园内最大的草坪。虽然整个设计改变了公园的原有地形，但是蜿蜒起伏的山坡、藤蔓丛生的树林和自由伸展的水体不仅让人感觉不到人工的痕迹，反而充满了自然的野趣。

（二）加州花园式风格

在美国西海岸产生了美国本土的现代景观设计风格——“加利福尼亚学派”加州花园式风格。“加州花园”不同于以往的私人庭园，是一种带有露天木制平台、折叠帆布椅、桌子、游泳池、不规则种植区域和动态平面的小花园，其典型特征包括简洁的形式，室内外直接的联系，可以布置花园家具的紧邻住宅的硬质表面，小块的、不规则的草地，红木平台，木质的长凳，游泳池，烤肉架，以及其他消遣设施，[①] 如图 3-16 所示。

图 3-16　美国加州花园

六、景观设计风格的定位与体现

（一）景观设计风格的定位

景观设计师在进行景观设计时，要对景观设计作品所要营

① 这种风格为人们创造了户外生活的新方式，不仅受到渴望拥有自己的花园的中产阶层的喜爱，也在美国景观设计行业中引起强烈的反响。

造的氛围有一个整体性的把握，即营造出什么样的、区别于其他景观作品的独特风格。这就需要设计师对景观作品的风格有一个准确的定位。景观设计既不能单纯地沿袭传统景观风格，因为随着时代的变迁，传统的景观设计已经不能很好地满足现代城市的需求，不具备现代城市景观所需要具有的一些功能；同时也不能盲目地照搬、照抄其他地区的景观设计风格，因为每个城市或地域都有独特的历史文化和自然环境，刻意地模仿其他地区的景观风格会使景观作品显得不伦不类，不能使景观很好地融入城市之中。

景观设计风格的定位需要做到因时制宜和因地制宜。确定景观作品应营造出什么样的风格，需要考虑两个主要因素：一是历史文化因素；二是自然因素。

1. 历史文化因素

随着时代的发展，城市积淀了丰富的历史文化。城市的文化形态包括居民的世界观、信仰、地区传统习俗等，这些都会表现出城市自己的特征，从而形成城市独有的人文特色。[①] 城市景观所营造的风格应当准确地反映这个城市的历史脉络和独有的文化特色，使景观作品的风格能够与整个城市的特色定位拥有同一个主题，而不至于使景观作品游离在城市的历史文化氛围之外，如图 3-17 所示的伦敦大桥。城市景观设计要继承和发扬地域文化特征，建设“有灵魂的”景观空间环境，形成具有独特地域特色的城市景观文化风格，同时还要满足现代城市景观的时代要求，使景观作品呈现出时代的气息。

2. 自然因素

建筑大师弗兰克·劳埃德·赖特曾说，好的景观设计应该是从自然中有机地生长出来，而并非强加于自然中，甚至破坏自然形态面貌。因此，景观作品所处的自然环境是景观设计风

① 在创建城市景观时，设计师应当分析城市文化形态的分布位置、比重以及它们在时空上的不同组合，并以此为依据，考虑城市的构成特性及景观的表现风格。

格定位时必须考虑的因素，即应根据景观所处的地理位置，自然地形、地貌、气候，与周围环境的关系等因素来确定，必须使城市景观与周围环境以及整个城市建立和谐、统一的关系。在确定营造怎样的景观风格时，应考虑景观作品要做到与周围自然环境相协调。景观应该有自己的风格和特色，但不能与环境割离开来，甚至对立起来，成为“空中楼阁”，而要与周围的自然环境形成“共生”的关系。同时，景观设计师在定位景观风格时，不仅要考虑如何不去破坏周围自然环境，如何处理与周围自然环境的关系，还要考虑如何积极地、尽可能地利用现有的自然条件，做到对自然条件的合理运用，这对景观风格的体现是至关重要的，如图 3-18 所示的赖特设计的流水别墅。

图 3-17　伦敦大桥

图 3-18　赖特设计的流水别墅

（二）景观设计风格的体现

景观设计作品不仅要有好的设计构思定位，而且还把好的设计构思和设计风格表现出来，通过景观外在的形式语言把景观作品所蕴含的内在思想传递出来，并生动地展现在公众面前。

景观设计的风格既是景观形式的归纳与总结，又是景观个性与特色的综合表现，同时也是景观“形式美”与“内在美”的有机统一。景观由建筑、植物、道路、水体等不同景观要素构成，每个景观构成要素都有其外在的形式特征，不同的外在形式会折射出不同的内涵，蜿蜒的曲线与规整的直线会带给人截然不同的感觉。所以，最直接的方法就是通过景观要素来体现景观作品的风格。当然，并不是说把所有景观要素简单、杂乱地堆砌，就能体现景观的风格，这其中是有一定的原则可循的。景观风格的体现要把握两点原则：一是体现景观风格的统一性；二是体现景观风格的个性。

1. 体现景观风格的统一性

景观风格的营造应该从大处着眼，从宏观的角度出发，使景观所体现出的风格从整体上保持协调统一的关系，体现景观风格的统一性。景观风格统一性的体现，既包括景观作品作为一个独立整体其内部各构成要素的风格统一，也包括景观作品作为城市环境的一部分与其周边建筑风格和城市及区域整体大环境的统一。

在同一个景观作品中，要保持景观要素风格的一致性，包括要素之间的风格一致性，即在同一个景观中，建筑、植物、水体、道路、小品等景观要素应从外在形式上和所反映的主题上形成整体统一的风格，互相不能产生太大的冲突，要素之间要形成风格的统一，还包括要素与整体的风格一致性、各要素与景观整体氛围的相协调。景观的主题风格确定之后，需用主题统领建筑、地形、植物、水体等要素，使景观各要素作为景观的一部分所体现出的风格与景观所定位的整体风格相统一、协调，形成呼应，不能过于突出某一部分而破坏整体。总之，作为一个环境整体，同一个景观作品中的各构成要素应考虑与大环境的统一性、连续性、和谐性和协作性，景观要素应有统一的风格，形成鲜明的整体风格与特征，体现景观的主题思想，避免杂乱无章。

2. 体现景观风格的个性

体现景观风格的统一性并不代表要求景观作品做到千篇一律。所有景区、景点、景观要素按照一种固定的模式呈现出完全一样的面目，便显得风格语言僵化。无特征可循，没有特色，也就没有了风格。景观风格要保持统一性，是要注意景观作品不能因为太过于强调特色而忽视了景观与周围环境的相融合，破坏了整体，造成景观与周围环境的不协调，而非要求每个景观及要素在形式上都做到完全一致。

城市形象需要具有识别性①，每一个景观作品作为城市整体环境中的个体，同样应该具有识别性，而景观作品中的每个景区、景点、景观要素作为景观作品的构成部分也都要具有识别性。景观风格个性的体现是景观作品及各要素作为独立的个体被认知的具体方法。景观作品可以通过对景观个体的塑造，营造相对独立的空间，在同一整体格调下形成各具特色的局部或个体，从整体风格上互为补充，使景观作品及景观各要素作为个体成为整体中的一个亮点。

所以说，景观设计风格的体现需要通过对景观整体和局部的共同营造，既要体现出景观风格的统一，又要体现出景观风格的个性，做到景观设计风格共性与个性的统一，让景观作品在整体上形成统一的风格，既能和谐地融入城市环境之中，又使每个景观作品及要素都具有识别性，各具特色，不乏味可陈。

① K. 林奇认为："一个有效的城市意象，首先其形象必须具有识别性，这是指它能有别于其他东西，可以作为一个独立的实体而被认知。"

第二节 景观设计的审美法则

一、多样与统一

多样与统一是形式美法则中最高、最基本的审美法则。

多样指构成整体的各个部分在形式上的差异性；统一是指这种差异性的彼此协调。

在景观设计中，无论从其风格形式、植物、建筑，还是色彩、质地、线条等方面，都要讲求在多样之中求得统一，这样富有变化，不单调。例如，假山造型，轮廓线要有变化，变化中又必须求得统一。又如，扬州瘦西湖五亭桥，设计者采用五个体量、大小、形状都有一些变化的园林建筑，而这些对比又都在设计者高超的技巧下统一在整体的视觉效果中，使其在变化中求得统一、秩序，体现出和谐（图3-19）。

图 3-19 扬州瘦西湖五亭桥

二、对比与调和

对比与调和是运用布局中的某一因素（如体量、色彩等）程度不同的差异，取得不同艺术效果的表现形式。景观设计要在对比中求调和，在调和中求对比，使景色既丰富多彩，又突出主题，风格协调。

构图中各种景物之间的比较，总有差异大小之别。差异大的，差异性大于共性，甚至大到对立的程度，称为对比；差异小的，即共性多于差异性，称为调和。[①]

（一）对比

在造型艺术构图中，把两个完全对立的事物作比较，叫作对比。对比能使景色生动、活泼、突出主题，让人看到此景就会有兴奋、热烈、奔放的感受。对比是造型艺术构图中最基本的手法，所有的长宽、高低、大小、形象、光影、明暗、浓淡、深浅、虚实、疏密、动静、曲直、刚柔、方向等的量感到质感，都是从对比中得来的。

1. 形象的对比

景观布局中构成园林景物的线、面、体和空间常具有各种不同的形状，如长宽、高低、大小等的不同形象的对比。以短衬长、长者更长；以低衬高，高者更高；以小衬大，大者更大，造成人们视觉上的变幻。

景观设计中应用形状的对比与调和常常是多方面的，如建筑与植物之间的布置，建筑是人工形象，植物是自然形象，将建筑与植物配合在一起，以树木的自然曲线与建筑的直线形成对比，来丰富立面景观（图 3-20）。又如，植物与园路、植物中的乔木与灌木、地形地貌中的山与水等均可形成形象对比。

---

① 但须注意的是，对比与调和只存在于同一性质的差异之间，如体量大小、空间开敞与封闭、线条的曲与直、颜色的冷与暖、光线的明与暗、材料质感的粗糙与光滑等，而不同性质的差异之间不存在调和与对比，如体量大小与颜色冷暖是不能比较的。

图 3-20　建筑与植物的形象对比

2. 体量的对比

体量相同的东西，在不同的环境中，给人的感觉是不同的。例如，放在空旷广场中，会感觉其小；放在小室内，会感觉其大，这是“大中见小、小中见大”的道理。在绿地中，常用小中见大的手法，在小面积用地内创造出自然山水之胜。为了突出主体；强调重点，在布局中常常用若干较小体量的物体来衬托一个较大体量的物体，如颐和园的佛香阁与周围的廊，廊的体量都较小；显得佛香阁更高大、更突出（图3-21）

图 3-21　颐和园佛香阁与廊

3. 方向的对比

景观中体现方向上的对比，最多见的就是垂直和水平方向的对比，垂直方向高耸的山体与横向平阔的水面相互衬托，避免了只有山或只有水的单调，如图 3-22 所示的上海松江垂直方塔与水面的对比。又如，建筑组合上横向、纵向的处理使空间造型形生方向上的对比，水面上曲桥产生不同方向的对比等。在空间布置上，忽而横向，忽而纵向，忽而深远，忽而开阔，形成方向上的对比，增加空间在方向上变化的效果。

图 3-22　上海松江垂直方塔与水面的对比

4. 空间的对比

在空间处理上，大园的开敞明朗与小园的封闭幽静形成对比。例如，颐和园中苏州河的河道与昆明湖的对比。

这种对比手法在园林景观空间的处理上是变幻无穷的。开朗风景与闭锁风景两者共存于同一景观中，相互对比，彼此烘托，视线忽远忽近，忽放忽收，可增加空间的对比感、层次感，达到引人入胜的效果。

5. 明暗的对比

明暗对比手法，在古典园林景观设计中应用较为普遍。比如，苏州留园和无锡蠡园的入口处理，都是先经过一段狭小而幽暗的弄堂和山洞，然后进入主庭院，深感其特别明快开朗，有“山重水复疑无路，柳暗花明又一村”之感（图 3-23）。在园林绿地中，布置明朗的广场空地供人活动，布置幽暗的疏林、密林供游人散步休息。在密林中留块空地，叫林间隙地，是典型的明暗对比。

图 3-23　曲径通幽的明暗对比

6. 虚实的对比

在景观设计中，虚实的对比，能使景物坚实而有力度，空灵而又生动。景观设计十分重视布置空间，以达到“实中有虚，虚中有实，虚实相生”的目的。

在虚实对比中，一般表现为山与水、建筑与庭院、墙壁与门窗（图 3-24）、岸上与水中。①

图 3-24　墙壁与门窗的虚实对比

7. 色彩的对比

色彩的对比与调和包括色相和明度的对比与调和。色相的对比是指相对的两个补色（如红与绿、黄与紫）产生对比效果；色相的调和是指相邻近的色，如红与橙、橙与黄等。颜色的深

① 山水中，山是实，水是虚；建筑与庭院中，建筑是实，庭院是虚；墙壁与门门窗中，墙壁是实，门窗是虚；岸上与水中，岸上的景物是实，水中的倒影是虚。

浅叫明度，黑是深，白是浅，深浅变化即黑到白之间的变化。一种色相中明度的变化是调和的效果。园林景观设计中色彩的对比与调和是指在色相与明度上，只要差异明显就可产生对比的效果，差异近似就产生调和效果。利用色彩对比关系可引人注目，如“万绿丛中一点红”。

8. 质感的对比

在景观设计中，可利用植物、建筑、道路、广场、山石、水体等不同的材料质感，形成对比，增强效果。不同材料质地给人不同的感觉，如粗面的石材、混凝土、粗木等给人稳重感，而细致光滑的石材、细木等给人轻松感。利用材料质感的对比，可构成雄厚、轻巧、庄严、活泼的效果，或产生人工胜自然的不同艺术效果（图 3-25）。

图 3-25 清灵池水与厚重石料的对比

9. 动静的对比

动静是自相矛盾的两个方面。[①] 例如，夜深人静的钟表滴答声，更表明了四周的万籁俱寂。在深山之中的泉水叮咚，打破了山的幽静，更反衬了环境的静（图 3-26）。

---

① 六朝诗人王籍《入若耶溪》诗里说：“蝉噪林愈静，鸟鸣山更幽。”诗中的“噪”和“静”“鸣”和“幽”自相矛盾，然而，林荫深处有蝉的“噪”声，却更增添环境几分寂静之感，山谷之中有鸟啼鸣，亦增添了环境幽邃的气氛。

图 3-26　北京卧佛寺景观中的动静对比

（二）调和

调和手法在园林景观设计中的应用，主要是通过构景要素中的岩石、水体、建筑和植物等风格和色调的一致而获得的。尤其当园林景观设计的主体是植物，尽管各种植物在形态、体量以及色泽上有千差万别，但从总体上看，它们之间的共性多于差异性，在绿色这个基调上得到了统一。总之，凡用调和手法取得统一的构图，易达到含蓄与幽雅的美。

三、节奏与韵律

自然界中有许多现象，常是有规律重复出现的，如海潮一浪一浪向前，颇有节奏感。有规律的再现称为节奏；在节奏的基础上深化而形成的既富有情调又有规律、可以把握的属性称为韵律。在园林绿地中，也常有这种现象。例如，道旁种树，种一种树好，还是两种树间种好；带状花坛是设计一个长花坛好，还是设计成几个同形短花坛好，这都牵涉到构图中的韵律与节奏问题。

（一）简单韵律

由同种景观要素等距离的、反复的、连续出现的构图，如树木或树丛的连续等距的出现；园林建筑物的栏杆（见图3-27）、道路旁的灯饰、水池中的汀步等。

图3-27　白玉栏杆

（二）交替韵律

由两种或两种以上的景观要素等距离的、反复的、连续出现的构图，如登山道一段踏步与一段平面交替（见图3-28）；又如，园路的铺装，用卵石、片石、水泥、板、砖瓦等组成纵横交错的各种花纹图案，连续交替出现。交替韵律设计得宜，能引人入胜。

图3-28　台阶踏步与平台形成的交替韵律

（三）渐变韵律

渐变的韵律是园林景观中相似的景观元素在一定范围内作

规则的逐渐增加或减少所产生的韵律，如体积的大小变化等。渐变韵律也常在各组成成分之间有不同程度或繁简上的变化。园林景观设计中在山体的处理上，建筑的体形上，经常应用从下而上越变越小。例如，桥孔逐渐变大和变小等（图3-29），又如，河南省松云塔（北魏）每层的密度都有一些渐变等。

图3-29　颐和园十七孔桥的渐变韵律

（四）起伏韵律

由一种或几种景观要素在大体轮廓所呈现出的较有规律的起伏曲折变化所产生的韵律。例如，自然林带的天际线就是一种起伏曲折的韵律的体现（图3-30）。

图3-30　北京植物园河岸树的起伏韵律

（五）拟态韵律

既有相同点又有不同点的多个相似的景观要素反复出现的

连续构图，如漏景的窗框一样，漏窗的花饰又各不相同等（图3-31）；又如，花坛的外形相同，但花坛内种的花草种类、布置又各不相同。

图 3-31 苏州沧浪亭漏窗

总之，韵律与节奏本身是一种变化，也是连续景观达到统一的手法之一。

造型艺术是由形状、色彩、质感等多种要素在同一空间内展开的，其韵律较之音乐更为复杂，因为它需要游赏者能从空间的节奏与韵律的变化中体会到设计者的“心声”，即“音外之意、弦外之音”。

四、比例与尺度

景观构图的比例是指园景和景物各组成要素之间空间形体体量的关系，不是单纯的平面比例关系。景观构图的尺度是景物与人的身高、使用活动空间的度量关系。这是因为人们习惯用人的身高和使用活动所需要的空间作为视觉感知的度量标准，如台阶的宽度不小于 30 厘米（人的脚长）、高度为 12 ～ 19 厘米为宜，栏杆、窗台高 1 米左右。又如，人的肩宽决定路宽，一般园路的宽度能容两人并行，以 1.2 ～ 1.5 米较合适。

在景观设计中，如果人工造景的尺度超越人们习惯的尺度，可使人感到雄伟壮观。例如，颐和园从佛香阁至智慧海的假山蹬道（图 3-32），处理成一级高差 30 ～ 40 厘米，走不了几步，人就感到很累，产生比实际高的感受。如果尺度符合一般习惯要求或者较小，则会使人感到小巧紧凑，自然亲切。

图 3-32　“佛香阁”至智慧海的假山蹬道

比例与尺度受多种因素的变化影响，典型的例子如苏州古典园林。它是明清时期江南私家山水园，园林各部分造景都是效法自然山水，把自然山水经提炼后缩小在园林之中，园林道路曲折有致，尺度也较小，所以整个园林的建筑、山、水、树、道路等比例是相称的，就当时少数人起居游赏来说，其尺度也是合适的。但是现在，随着旅游事业的发展，国内外游客大量增加，游廊显得矮而窄，假山显得低而小，庭院不敷回旋，其尺度就不符合现代功能的需要。所以不同的功能，要求不同的空间尺度。另外，不同的功能也要求不同的比例，如颐和园是皇家宫苑，气势雄伟，殿堂、山水比例均比苏州私家园林要大。

五、均衡与稳定

这里所说的均衡是指景观布局中左与右、前与后的轻重关系等；稳定是就园林布局在整体上轻重的关系而言。

（一）均衡

在景观布局中要求园林景物的体量关系符合人们在日常生活中形成的平衡安定的概念，所以除少数动势造景外，一般艺术构图都力求均衡。

1. 对称均衡

对称均衡的布置常给人庄重严整的感觉，但对称均衡布置时，景物常常过于呆板而不亲切。

2. 不对称均衡

不对称均衡的构图是以动态观赏时“步移景异”、景色变幻多姿为目的的。它是通过游人在空间景物中不停地欣赏，连贯前后成均衡的构图。以颐和园的谐趣园（图3-33）为例，整体布局是不对称的，各个局部又充满动势，但整体十分均衡。

图3-33　谐趣园

（二）稳定

自然界的物体，由于受地心引力的作用，为了维持自身的稳定，靠近地面的部分往往大而重，在上面的部分则小而轻，如山、土坡等。从这些物理现象中，人们就产生了重心靠下、底面积大可以获得稳定感的概念。

在景观布局上，往往在体量上采用下面大、向上逐渐缩小的方法来取得稳定坚固感。我国古典园林中的高层建筑物如颐和园的佛香阁、西安的大雁塔（图3-34）等，都是超过建筑体量上由底部较大而向上逐渐递减缩小，使重心尽可能低，以取得结实稳定的感觉。

图 3–34　西安大雁塔

六、比拟与联想

在景观设计中，通过形象思维，运用比拟和联想形式，能够创造出比园景更为广阔、久远、丰富的内容，创造出诗情画意，给园林景物平添无限的意趣。

（一）模拟

利用景观中可置的有限材料发挥无限的想象空间，使人们在观景时由此及彼，联想到名山大川、天然胜地（图 3-35）。

图 3–35　园林中模拟的假山

（二）对植物的拟人化

运用植物特性美、姿态美给人以不同的感染，产生比拟与联想。例如，枫——象征不怕艰难困苦，晚秋更红；荷花——象征廉洁朴素，出淤泥而不染；迎春——象征欣欣向荣，大地回春。

图 3-36　济南大明湖拟人化的荷花

这些植物，如“松、竹、梅”有“岁寒三友”之称，“梅、兰、竹、菊”有“四君子”之称，常是诗人画家吟诗作画的好题材。在景观设计中适当运用，会增色不少。

（三）园林建筑、雕塑造型产生的比拟联想

运用园林建筑、雕塑造型产生的比拟联想，如园林建筑、雕塑造型中的卡通式的小房、蘑菇亭（图 3-37）、月洞门等，使人犹入神话世界。

图 3-37　神农山蘑菇亭

（四）遗址访古产生联想

我国历史悠久，古迹、文物很多，当参观游览时，自然会联想到当时的情景，给人以多方面的教益。例如，杭州的岳坟、灵隐寺、武昌的黄鹤楼、上海豫园的点春堂（小刀会会馆）、北京的颐和园、成都的武侯祠、杜甫草堂、苏州的虎丘等，都给游人带来许多深思和回忆。

图 3-38　杭州的岳坟

（五）风景题名、题咏等所产生的比拟联想

风景题名、题咏、对联、匾额、摩崖石刻能够产生比拟联想，好的题名、题咏不仅对“景”起了画龙点睛的作用，而且含义深、韵味浓、意境高，能使游人产生诗情画意的联想（图 3-39）。

图 3-39　泰山风月无边石刻景观

七、主景与配景

园林景观无论大小、简繁，均宜有主景与配景之分。

（一）主景

主景是景观设计的重点，是视线集中的焦点，是空间构图的中心，能体现园林绿地的功能与主题，富有艺术上的感染力。

在景观设计时，为了突出重点，往往采用突出主景的方法，常用的手法有以下几种。

1. 升高主体

在景观设计中，为了使构图的主题鲜明，常常把集中反映主题的主景在空间高度上加以突出，使主景主体升高。“鹤立鸡群”的感觉就是独特，引人注目，也就体现了主要性，所以高是优势的体现。升高的主景，由于背景是明朗简洁的蓝天，使其造型轮廓、体量鲜明地衬托出来，而不受或少受其他环境因素的影响。但是升高的主景，一般要在色彩上和明暗上，与明朗的蓝天形成对比。

例如，济南泉城广场的泉标，在明朗简洁的蓝天衬托下，其造型、轮廓、体量更加突出，其他环境因素对它的影响不大。又如，南京中山陵的中山灵堂升高在纪念性园林的最高点来强调突出。再如，北京颐和园的佛香阁（图 3-40）、北海的白塔（图 3-41）、广州越秀公园的五羊雕塑等，都是运用了主体升高的手法来强调主景。

图 3-40　颐和园的佛香阁

图 3-41　北海的白塔

2. 轴线焦点

轴线是园林风景或建筑群发展、延伸的主要方向。轴线焦点往往是园林绿地中最容易吸引人注意力的地方，把主景布置在轴线上或焦点位置就起到突出强调作用，也可布置在纵横轴线的交点、放射轴线的焦点、风景透视线的焦点上（图 3-42）。例如，在规则式园林绿地的轴线上布置主景，或者道路交叉口布置雕塑、喷泉等。

图 3-42　故宫中轴线上的主景

3. 加强对比

对比是突出主景的重要技法之一，对比越强烈越能使某一方面突出。在景观设计中抓住这一特点，能使主景的位置更突出。在园林中，主景可在线条、体形、重量感、色彩、明暗、动势、性格、空间的开朗与封闭、布局的规则与自然等方面加以对比来强调主景。例如，直线与曲线道路、体形规整与自然的建筑物或植物、明亮与阴暗空间、密林与开阔草坪等均能突出主景。例如，昆明湖开朗的湖面是颐和园水景中的主景，有了闭锁的苏州河及谐趣园水景作为对比，就显得格外开阔（图 3-43）。在局部设计上，白色的大理石雕像应以暗绿色的常绿树为背景；暗绿色的青铜像，则应以明朗的蓝天为背景；秋天的红枫应以深绿色的油松为背景；春天红色的花坛应以绿色的草地为背景。

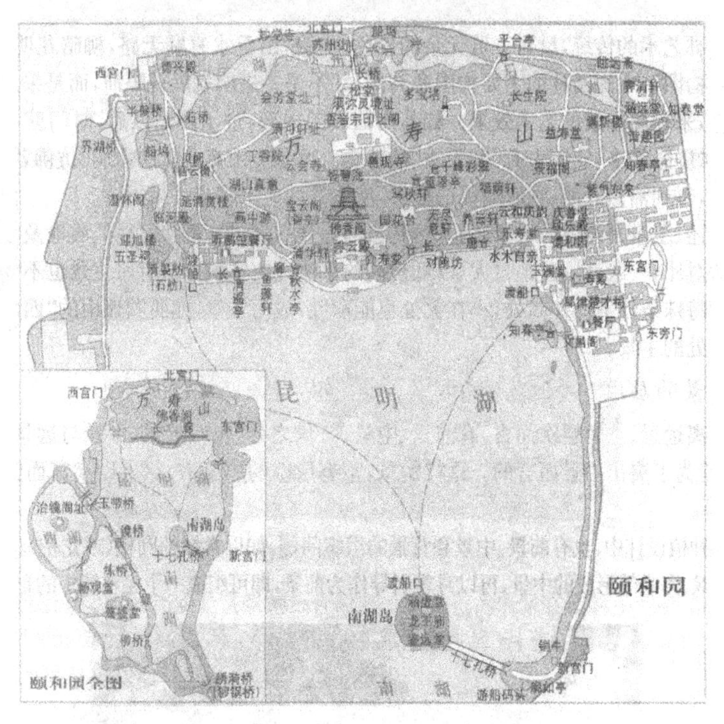

图 3-43　颐和园开阔与闭锁的水面空间

4. 视线向心

人在行进过程中视线往往始终朝向中心位置，中心就是焦点位置，把主景布置在这个焦点位置上，就起到了突出作用。焦点不一定就是几何中心，只要是构图中心即可。一般四面环抱的空间，如水面、广场、庭院等，其周围次要的景物往往具有动势，趋向于视线集中的焦点上，主景最宜布置在这个焦点上。为了不使构图呆板，主景不一定正对空间的几何中心，而偏于一侧。例如，杭州西湖、济南大明湖等，由于视线集中于湖中，形成沿湖风景的向心动势，因此，杭州西湖中的孤山（图3-44）、济南大明湖的湖心岛（图3-45）便成了“众望所归”的焦点，格外突出。

图3-44 杭州西湖中的孤山

图3-45 济南大明湖的湖心岛

5. 构图重心

为了强调和突出主景，常常把主景布置在整个构图的重心处。重心位置是人的视线最易集中的地方。规则式的景观构图，主景常居于构图的几何中心，如天安门广场中央的人民英雄纪念碑（图3-46），居于广场的几何中心。自然式的景观构图，主景常布置在构图的自然重心上。例如，中国古典园林的假山，主峰切忌居中，即主峰不设在构图的几何中心，而有所偏，但必须布置在自然空间的重心上，四周景物要与其配合。

图 3-46　天安门广场中央的人民英雄纪念碑

6. 欲扬先抑

中国景观艺术的传统，反对一览无余的景色，主张“山重水复疑无路，柳暗花明又一村”的先藏后露的构图。中国景观的主要构图和高潮，并不是一开始就展现在眼前，而是采用欲“扬”先“抑”的手法，来提高主景的艺术效果。例如，苏州拙政园中部，进了腰门以后，对门就布置了一座假山（图 3-47），把园景屏障起来，使游人有“疑无路”的感觉。可是假山有曲折的山洞，仿佛若有光，游人穿过了山洞，得到豁然开朗、别有洞天的境界，使主景的艺术感染大大提高。又如，苏州留园，进了园门以后，经一曲折幽暗的廊后，到达开敞明朗的主景区，主景的艺术感染力大大提高了。

图 3-47　苏州拙政园入口的假山

（二）配景

配景是指用来陪衬、烘托和突出主景效果的景物。配景在景观中居于次要地位，是对主景的延伸和补充，没有配景就会使主景的作用和景观效果受到影响，所谓“红花还得绿叶衬”正是此道理。配景既不能忽视，也不能喧宾夺主。在同一空间范围内，许多位置、角度都可以欣赏主景，而当处在主景之中时，此空间范围内的一切配景，又成为欣赏的主要视觉对象，所以主景与配景是互为补充，相得益彰形成一个艺术整体的。

例如，北京北海公园的主景是琼华岛和团城，其北面隔水相对的五龙亭、静心斋、画舫斋等是其配景。主景与配景相互依存、相互影响、缺一不可，它们共同组成一个整体景观。

主景集中体现着园林的功能与主题。例如，济南的趵突泉公园，主景就是趵突泉，其周围的建筑、植物均是来衬托趵突泉的（见图3-48）。在设计中就要从各方面表现主景，做到主次分明。园林的主景有两个方面的含义，一是指全园的主景，二是指局部的主景。大型的园林绿地一般分若干景区，每个景区都有主体来支撑局部空间。所以在设计中要强调主景，同时做好配景的设计来更好地烘托主景。

图3-48　济南的趵突泉

八、对景与借景

（一）对景

对景即两景点相对而设，通常在重要的观赏点有意识地组织景物，形成各种对景。景可以正对，也可以互对。位于轴线一端的景叫正对景，正对可达到雄伟庄严、气魄宏大的效果。正对景在规则式园林中常成为轴线上的主景。例如，北京景山万春亭是天安门—故宫—景山轴线的端点，称为主景。在轴线或风景视线两端点都有景则称互为对景。互为对景很适于静态观赏。互对景不一定有严格的轴线，可以正对，也可以有所偏离。

互对景的重要特点：此处是观赏彼处景点的最佳点，彼处亦是观赏此处景点的最佳点。例如，苏州留园的明瑟楼（图 3-49）与可亭（图 3-50）就互为对景，明瑟楼是观赏可亭的绝佳地点，同理，可亭也是观赏明瑟楼的绝佳位置。又如，北京颐和园的佛香阁建筑与昆明湖中龙王庙岛上的涵虚堂也是如此。

图 3-49　从可亭看明瑟楼

图 3-50　从明瑟楼看可亭

（二）借景

有意识地把景观外面的景物“借”到景观内可透视、感受的范围中来，称为借景。借景是中国园林景观艺术的传统手法。[①]

① 明代计成在《园冶》中讲：“借者，园虽别内外，得景无拘远近，晴峦耸秀，绀宇凌空；极目所至，俗则屏之，嘉则收之，不分町畽，尽为烟景。斯所谓‘巧而得体’者也。”

唐代所建滕王阁，借赣江之景，在诗人的笔下写出了“落霞与孤鹜齐飞，秋水共长天一色”如此华丽的篇章。岳阳楼近借洞庭湖水，远借君山，构成气象万千的画面。在颐和园西数里以外的玉泉山，山顶有玉峰塔以及更远的西山群峰，从颐和园内都可以欣赏到这些景致，特别是玉峰塔有若伫立在园内。这就是园林中经常运用的“借景手法”。

借景能拓展园林空间，变有限为无限。常见的借景类型有以下几种。

（1）远借与近借

远借就是把园林远处的景物组织进来，所借之物可以是山、水、树木、建筑等。例如，北京颐和园远借西山及玉泉山之塔，避暑山庄借僧帽山、棒槌峰，无锡寄畅园借锡山龙光塔(图3-51)，济南大明湖借千佛山等。

图 3-51　无锡寄畅园借锡山龙光塔之景

近借就是把园林邻近的景色组织进来，如邻家有一枝红杏或一株绿柳、一个小山亭，亦可对景观赏或设漏窗借取，如“一枝红杏出墙来”“杨柳宜作两家春”“宜两亭”等布局手法（图3-52）。

图 3–52　近借

（2）仰借与俯借

仰借系利用仰视借取的园外景观，以借高景物为主，如古塔、高层建筑、山峰、大树，包括碧空白云、明月繁星、翔空飞鸟等。例如，北京的北海借景山，南京玄武湖借鸡鸣寺均属仰借（图 3-53）。仰借视觉较疲劳，观赏点应设亭台座椅。

图 3–53　南京玄武湖仰借鸡鸣寺

俯借是指利用居高临下俯视观赏园外景物。登高四望，四周景物尽收眼底，就是俯借。俯借所借景物甚多，如江湖原野、湖光倒影等（图 3-54）。

图 3-54　黄山猴子观海俯视借景

（3）因时而借

因时而借是指借时间的周期变化，利用气象的不同来造景。例如，春借绿柳、夏借荷池、秋借枫红、冬借飞雪；朝借晨霭、暮借晚霞、夜借星月。许多名景都是以应时而借为名的，如杭州西湖的“苏堤春晓”“曲院风荷”“平湖秋月”（图 3-55）、“断桥残雪”（图 3-56）等。

图 3-55　西湖“平湖秋月”—— 夜借星月

图 3-56　西湖“断桥残雪”—— 冬借飞雪

（4）因味而借

因味而借主要是指借植物的芳香，很多植物的花具有香味，如含笑、玉兰、桂花等植物。在造园中如何运用植物散发出来的幽香以增添游园的兴致是园林设计中一项不可忽视的因素。设计时可借植物的芳香来表达匠心和意境。例如，广州兰圃（图3-57）以兰花著称，每当微风轻拂，兰香馥郁，为园增添了几分雅韵。

图 3-57　广州兰圃

（5）因声而借

自然界的声音多种多样，园林中所需要的是能激发感情、怡情养性的声音。在我国园林中，远借寺庙的暮鼓晨钟，近借溪谷泉声、林中鸟语，春借柳岸莺啼，秋借雨打芭蕉，均可为园林空间增添几分诗情画意（图 3-58）。

图 3-58　苏州拙政园“听雨轩”——借雨打芭蕉之音

第四章　景观设计的程序与技术

景观设计注重设计过程的系统化和设计程序的规范性，景观设计的程序包括场地调研和分析、概念设计、方案设计、方案的完成和设计实施。本章从景观设计的程序出发，详细论述景观设计的技术，如场地竖向设计技术、场地土石方工程设计技术、景观给水工程技术、景观排水工程技术以及景观电气工程技术和工程管线综合技术。

第一节　景观设计的程序

一、场地调研和分析

景观设计具有很强的综合性，设计师要想设计出好的景观作品，就必须对景观设计的基本程序作深入、透彻的了解。

（一）场地调研

作为一个景观设计师，在接到设计任务后，应该首先了解设计的具体要求，然后对基地进行综合考察。设计师应对基地现场及周边环境进行踏勘，收集景观设计前必须掌握的原始资料。

场地调研至少包括以下五个方面的内容。

（1）对自然环境方面的研究。例如，气候、地形、植物、排水情况、土壤、地质等方面的资料。了解地下水位、年降水量与月降水量，年最高、最低气温的分布时间，年最高、最低湿度及分布时间，最大风力，季风风向、风速以及冰冻线深度等信息。

（2）对人文方面的研究。例如，文化古迹，景观的演化过程，建筑物及民居的色彩、形式、体量及与周围的关系等。

（3）对交通环境如主要道路，车流、人流方向等方面的研究。

（4）对美感方面的研究。例如，可供观赏的自然景色、怡人的视觉形态景象等。

（5）项目周边未来发展趋势的调查。

设计师需要踏勘现场，掌握基本资料。

（二）资料分析、整理

在掌握了一定的原始信息资料后，设计师还需要对这些资料进行分析、整理，发现问题所在，从而进一步发现它们的内在关系，进行要素整合，即将分散存在于设计计划中的设计要素归纳、整理为具有相互关联的信息组块，从这些信息组块中发现对设计有价值的东西，尽可能找到更多的设计切入点。

1. 自然环境分析与整理

景观的格局和构建方式受自然环境的影响很大。例如，严寒地带与热带和亚热带地区的景观布局就有着明显的差异。在进行设计时，要对其加以充分的考虑与分析。

例如，对地形分析时，主要是对地理位置，用地的形状、面积，地表的起伏变化，裸露岩层的分布情况、走向、坡度等特征进行分析，而这些因素在景观设计中都应该充分考虑到。景观环境地形千姿百态，但基本上可分为三类：平地、坡地和山地。平地的开阔性、通风性较好，有利于空气的流动；坡地由于是有一定坡度的地形，可以使景观层次丰富，消除视景的幽闭感，而且自然采光时间较长，有利于积水。山地的斜度要比坡地大，且地表起伏较明显，往往要在原有地形基础上适当地加以改造。

自然环境分析一般包括对基地现状、景观资源、植被的选用、水系分布、区域、生态等方面内容的分析。在此阶段，设计师主要通过图示、文字、表格等的设计表达方式进行综合分析。一般情况下，用图示标出基地的各项特征，并加以分析，从中寻找应解决的问题和可行的解决方法。对空间的利用分析，应显示出活动和使用频率的关系以及各项功能的体现，如图 4-1 所示。

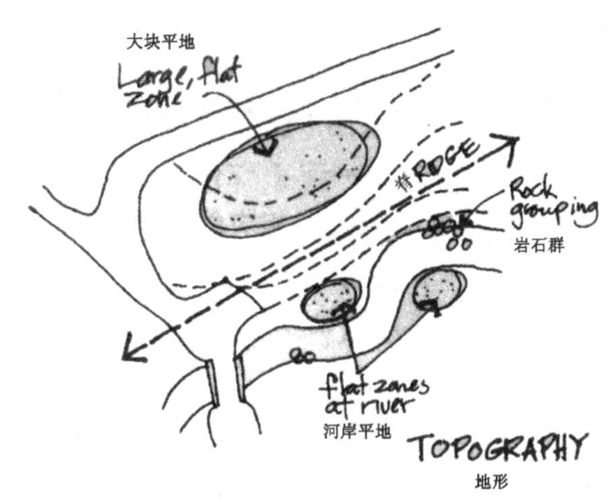

图 4-1　基地现状分析图

2. 人文背景分析与整理

人文背景主要包括设计地域范围内的社会历史、文化背景、人群精神需求方面的内容。景观是一个时代的社会经济、文化面貌以及人的思想观念的综合反映，是社会形态的物化形式。

（1）对社会历史、文化背景的分析

人类社会历史悠久，源远流长。社会历史是连续的、相融的。景观设计应该与社会历史相一致，相融合，绝不能与历史偏离，背道而驰。就社会文化而言，其内涵极其广泛，包含知识、信仰、宗教、艺术、民俗、地域、生活习惯、道德、法律等内容。在景观审美倾向方面，不同文化背景的群体之间存在明显的差异。景观体现一定的社会文化，而文化又具有民族性、时代性、区域性等特点。因此，在设计社会文化背景下的景观形态时，必须深入分析该区域的社会文化特点，使景观设计与该区域的社会文化很好地融合在一起，如图 4-2 某街区设计资料分析图。

图 4-2　某街区设计资料分析图

（2）对精神需求方面的分析

景观能给人在精神方面带来不同的感受或启迪。借助景观的造型、材料、肌理、空间以及色彩，设计师能充分表达出不同的精神内涵，营造出特殊的气氛，比如积极向上的精神、宗教气氛的渲染、民俗文化的表现等。因此，要设计某个区域的景观，就要了解该景观所针对的人群的精神需求，了解他们的喜好、追求及信仰等，然后有针对性地加以设计。

（3）存档原始资料，确定景观总体定位

现场收集资料后，应当进行整理、归纳，以防遗忘细小却有较大影响因素的资料，并存档原始资料。

设计师要对设计项目总体定位作一个构想，并与抽象的文化内涵及深层的寓意相结合，同时必须考虑把设计内容融合到有形的设计方案中去。确定设计理念，最后撰写设计调研分析及定位报告。

设计师只有深入了解整个设计项目的现状，对整个基地及周边环境状况进行综合分析，合理定位，提出合理的方案构思和理念，才能作出真正优秀的景观设计作品。

二、概念设计

设计师从分析与定位得出设计概念主题。概念是人们通过实践，从对象的众多属性中抽出其特有属性概括而成的，即反映对象特有属性的思维形式。概念的形成，标志着人们的认识已从感性认识上升到理性认识。在设计中，最初的概念具有非常强烈的个性，往往控制整个设计的发展方向。设计概念的生成是设计师本身的设计素养及社会实践经验的积累。从设计上讲，表达概念的形式是设计语言的独特性表现。

通过确定景观设计的性质、功能、规模、宏观设计形式表达、建设周期、程序、预算等内容，把这些概念内容初步体现在宏观的设计表达中，就是概念设计。实际上就是在对设计项目的环境、功能等进行综合分析之后，所作的空间总体形象构思设计。在设计程序中，强调这种概念性的目的主要就是为投资方提供一个对所投资项目的大体认识和限定。这种探索性的设计具有概念性的特点，这种“概念性”的方案是设计程序的一部分，是设计程序中十分重要的环节。

三、方案设计

方案设计阶段主要包括确立设计思想；进行功能分区；结合基地条件对空间及视觉构图进行综合分析；确定各种使用区的平面布局，包括交通的布局、广场和停车场的安排以及景观小品的摆放和建筑及出入口的确定等内容。

景观设计本身是一种创作活动，需要设计师具有丰富的想象力和灵活、开放的思维方式。创新性是构思阶段的突出特点。

方案构思是在资料分析的基础上，对设计师头脑中孕育的无数方案发展方向的灵感涂鸦。这些构思与设计背景资料相联系就会产生多个相对可取的方案思路。然后，设计师就要进一步统筹考虑设计主题及社会文化背景、使用功能、审美取向等因素，确定方案基本框架和方向。

（一）方案草图设计

方案草图在很大程度上体现了设计师对环境设计的理解，

并且通过对设计风格、空间关系、尺度把握、细部处理、色彩搭配、材料选择等方面的设想，展现了设计师在理性与感性、已知与未知、抽象与具象之间的探究。它包括环境关系的总平面图、表达功能关系的分区图等；同时，也包括设计师灵感突现时勾勒出的无序线条。通过大量的草图逐渐明确设计意图，是设计师分析设计问题、寻求解决方法的途径。

方案草图是设计师表达设计灵感的一种重要手段，是设计师脑、眼、手分工协作的产物，它将设计师的设计思维跃然纸上。草图能够记录下设计师脑海中转瞬即逝的“灵感”，是设计师之间、设计师与客户之间沟通的一座桥梁，是其他设计手段难以取代的，见图 4-3。

图 4-3　景观设计方案草图

（二）初步方案设计

结合设计分析阶段的诸多因素，对方案草图阶段所明确的设计切入点进行深入探究，对影响设计结果的风格、功能、尺度、结构、形式、色彩、材料等问题给出具体的解决方案。这一阶段是对设计师专业素质、艺术修养、设计能力的全面考量，所有的设计成果将在这一阶段初步呈现。在初步方案设计中，要注意细化景观层次，合理调整景观的布局，对重要节点和难点进行充分的设计分析，同时对景观构筑物及景观小品进行深入的细化和设计风格的宏观定位。

初步方案设计的主要内容体现在以下几个方面。

（1）简洁明了地表示出该设计项目在城市区域内的位置。

（2）设计师可以用圆形圈或抽象图框把经分析、整理、归纳后掌握的场地现状资料概括地表示出来。

（3）根据总体设计的原则、目标及不同年龄段、不同兴趣爱好人群活动的需要，确定不同的分区，划分不同的空间，使不同空间和区域满足不同的功能要求，并使功能与形式尽可能相统一；并且可以用抽象图形或圆圈等图案表示功能分区，反映不同空间、分区之间的关系，见图 4-4 某校园规划功能分区图。

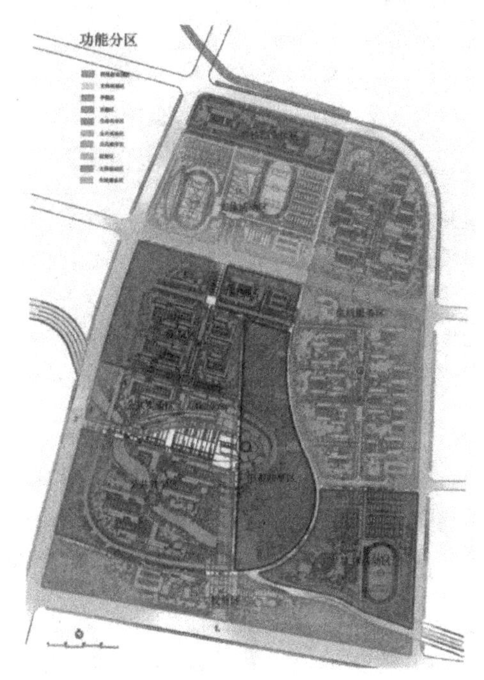

图 4-4　某校园规划功能分区图

（4）对草图阶段方案进一步探究，绘制总体设计平面图。绘制总平面图时应注意准确标明指北针，选用恰当的比例尺、图例等内容。根据总体设计原则、目标，绘制出广场、道路、植物、景观小品、景观建筑等环境景观构成要素，应充分考虑设计对象与周围环境的关系。例如，校园景观设计时，设计师就应充分考虑到以下因素：校园主次要出入口的位置及面积，主要出入口的内外广场、停车场、大门以及校园的地形总体规划，道路系统规划和校园景观建筑物及构筑物等总体布局，见图 4-5 某校园规划总平面图。

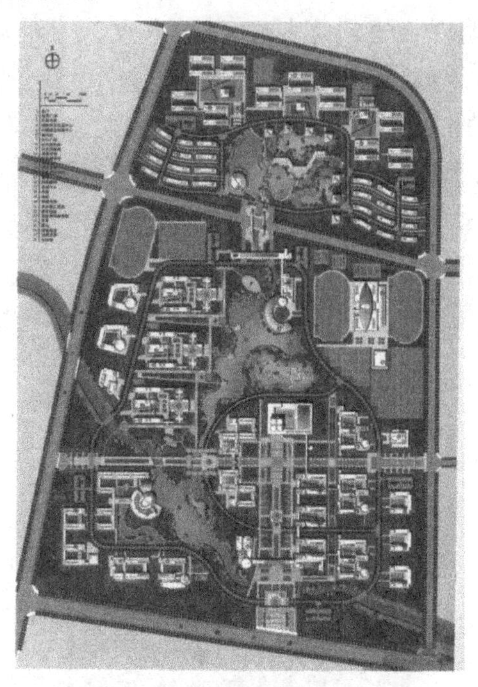

图 4-5 某校园规划总平面图

（5）为了更清楚地表达设计意图，绘制道路总体设计图。主要内容包括在图上确定场地的主要出入口、次要出入口与专用出入口；主要广场、主要环路的位置以及消防通道；确定主、次干道等的位置及各种路面的宽度、排水纵坡；初步确定主要道路的路面材料、铺装形式等，如图 4-6 所示。

（6）根据总体设计原则、目标，以当地的自然环境及苗木的情况为依据，绘制景观植物分布图。其内容主要包括不同种植类型的安排，如疏密林、树丛、孤植树、花坛、草坪、园界树、园路树、湖岸树、园林种植小品等内容。同时，确定场地的基调树种、骨干造景树种，包括常绿、落叶的乔木、灌木，花草等，见图 4-7。

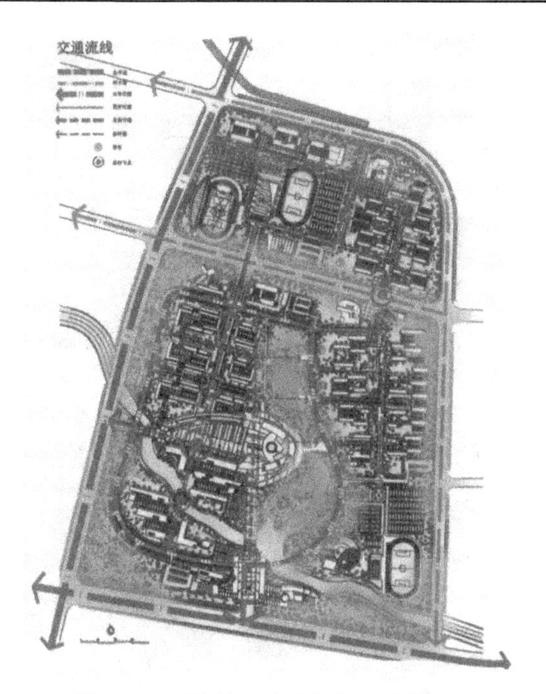

图 4–6　某校园规划交通流线图

图 4–7　某校园规划绿化分布图

（三）方案草模设计

模型是一种将构思形象化的有效手段，它是三维的、可度量的实体，因而与图纸相比，它在帮助设计师想象、控制空间方面有着突出的优势。由于模型自身具备直观性、可视性、空间审美价值等特点，从而能够使设计师容易了解到客观对象的真实比例关系与空间组合，能够产生“以小见大”的效果，见图4-8。

图4–8　景观设计方案草模

设计师设计的最终目的是三维空间中空间与实体的实现。但是目前很多设计公司在整个设计过程中还是以图示表达为主，从草图到初步方案图再到施工图，最后依据施工图进行施工，这个过程最大的不足就是从头到尾的表达都只存在于二维空间中，最终在完成二维空间到三维空间的转换时，总会有一些意想不到的问题出现。而模型表达更接近于空间塑造的过程，所以设计过程中运用模型表达来解决设计中可能遇到的问题就更显得尤为重要。

模型制作的材料有许多种，如橡皮泥、纸张、硬泡沫、木材、石膏、玻璃等。

四、方案的完成

（一）施工图

在设计师反复进行方案推敲，完成各部分详细设计，并进一步优化后，才能着手施工图的绘制。施工图要按最终的设计结果给出正确的比例尺寸关系、结构关系、色彩关系、材料选用等关键性要素。通过一系列的平、立、剖和节点图把设计意图明确地表达出来。

1.施工图图纸基本要求

（1）图纸规范。图纸要符合国家建委规定的绘制标准。

（2）图纸应表明各种景观设计形态的平、立、剖面关系和准确位置，以便作为施工的依据。

（3）图纸要注明图头、图例、指北针、比例尺。图纸中的文字、数字标注要清晰、规范。

2.施工图图纸内容及分析

在施工之前要作出施工总平面图，竖向设计图，道路设计图，种植配置图，水景设计图，景观建筑设计图以及雕塑、垃圾箱、导示牌等景观小品设计详图，管线设计图，电气设计图等。

（1）施工总平面图

施工总平面图图纸内容一般要求用红色线表示保留的现有地下管线；用细线表示建筑物、构筑物、主要现场树木等；用细墨虚线表示设计的地形等高线；用粗墨线外加细线表示水体；用黑线表示景观建筑和构筑物的位置；用中粗黑线表示道路广场及景观小品，放线坐标网，作出的工程序号、透视线等，如图 4-9 所示。

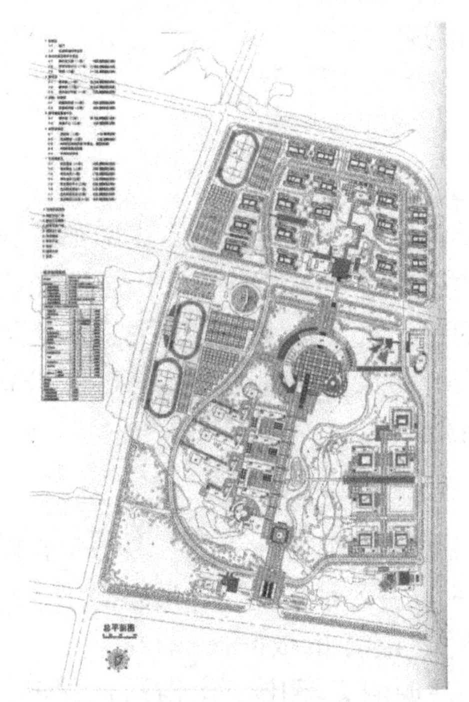

图 4-9　某校园景观设计施工总平面图

（2）竖向设计图

竖向设计图用以表明各设计因素间的高差关系。比如，山峰、丘陵、盆地、缓坡、平地、河湖驳岸等具体高程，各景区的排水方向、雨水汇集及场地的具体高程等。为满足排水坡度，一般绿地坡度不得小于5%，缓坡为8%～12%，陡坡在12%以上。

（3）道路设计图

道路设计图内容一般包括：

①在施工总平面的基础上，用粗细不同的线条画出各种道路的位置，在转弯处，主要道路注明平曲线半径，用黑细箭头表示纵坡坡向等。

②绘出一段路面的平面大样图，表示路面的尺寸和材料铺设法。在其下面一般作 1 ∶ 20 比例的剖面图，表示路面的宽度及具体材料的构造。每个剖面的编号应与平面图上的编号相对应。另外，还应该作路口交接示意图，用细黑实线画出坐标网，用粗黑实线画路边线，用中粗实线画出路面铺装材料及构造图

案，如图 4-10 所示。

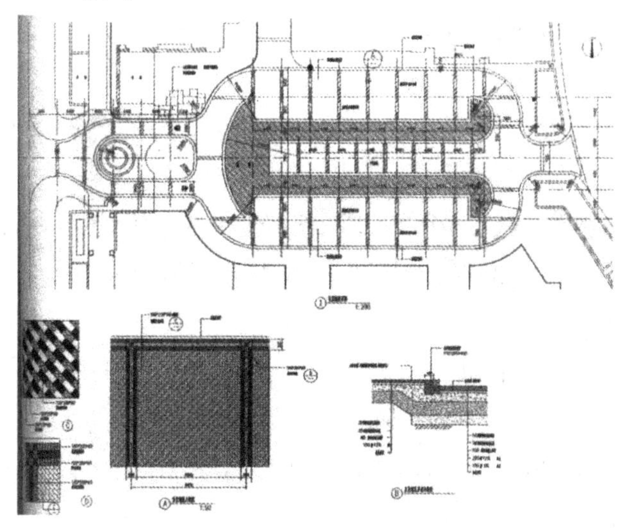

图 4-10　某区域路面景观铺装设计图

（4）种植配置图

种植配置图主要标明树木花草的种植位置、种类、种植方式、种植距离等，如图 4-11 所示。

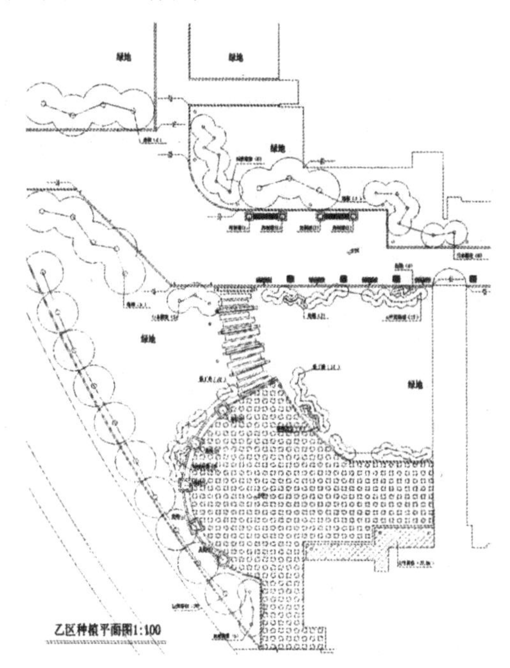

图 4-11　某区域景观种植配置设计图

（5）水景设计图

水景设计图要标明水体的平面位置、形状、深浅及工程做法。

（6）景观建筑设计图

景观建筑设计图表现各景观建筑的位置及建筑本身的组合、选用的材料、尺寸、造型、高低、色彩等。

（7）雕塑、垃圾箱导示牌等景观小品设计图

参照施工总平面图画出景观小品平面图、立面图、局部详图，注明高度及要求。

（8）管线设计图

在管线初步设计的基础上，表现出上水（消防、绿化）、下水（雨水、污水）、暖气、煤气、电力、电讯等各种管网的位置、规格、埋深等。

（9）电气设计图

在电气设计的基础上，标明景观用电设备、灯具等的位置及电缆走向等。

（二）效果表现图

效果表现图是设计过程中的基本构成要素，表现图表达的是一项设计实施后的形象，它可以显示设计构思与其建成后的实际效果之间的相互关系。设计表现图被认为是设计中的“形象语言”，是一种定性的、形象化的意图表现形式。它可以表达设计中各个景点、景物以及景区的景观形象，可以突出设计的“重点”与“亮点”，有助于人们较直观地交流及识别设计意图，判断设计师要表达、传递的信息及设计的最终效果。其表达手段具有多样性，手绘、计算机都可作为表现图的表达媒介。

1. 手绘表现图

手绘表现图是最基本、应用最广泛的方式。它要求设计师具有一定的美术功底，通过运用各种绘画工具、各项绘图技巧，对设计成果进行描述和诠释。但即使是徒手表现图，也要按比例精细刻画，体现设计成果的科学性、系统性和艺术性。

手绘表现图一般通过钢笔淡彩（图4-12）、水彩、马克笔（图4-13）、水粉（图4-14）、喷笔等进行绘制，都能收到较好的表现效果。

图4-12　钢笔淡彩表现图示

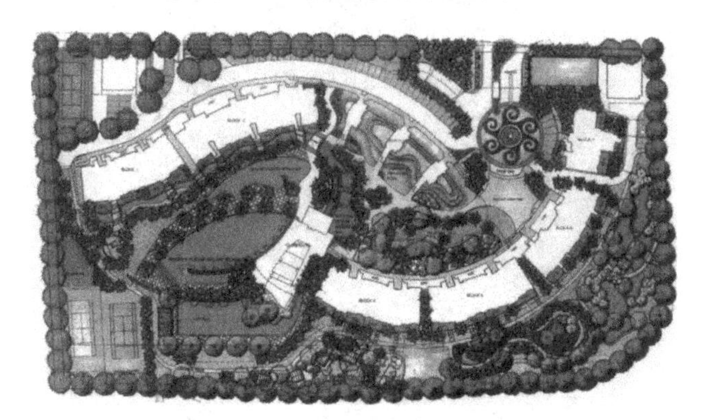

图4-13　马克笔表现图示

图4-14　水粉表现图示

2. 计算机表现图

在平面图表现时，通常需要用计算机辅助完成，目前主要用到的软件有 AutoCAD、Coreldraw 等。

在鸟瞰图（图 4-15）及效果图（图 4-16）制作时，用到的软件主要有 Sketchup、3Dmax、Photoshop 等。

图 4-15　校园景观鸟瞰图

图 4-16　计算机效果图

（三）编写设计说明

完整的设计方案除了图纸外，还要求有文字说明，全面地介绍设计师的理念、构思、设计原则、要点等内容，具体包括以下几个方面：①位置、现状、面积，②设计原则、理念、形式、特点等，③功能分区，④设计主要内容等。

五、设计实施

这是设计师与施工人员相配合将设计方案实现的阶段。在施工过程中，设计师要下工地，到现场全程跟踪指导，对施工人员提出的任何设计问题给以解释，并帮助修改、补充、调整相关的设计图纸。设计是关键，施工是保证。一个优秀的景观设计作品必然是设计与施工的完美结合。

第二节 景观设计的技术

场地竖向设计需要确定场地的坡度、控制高程和土石方平衡等。场地是景观工程的载体，因为空间特征、使用特点、排水需要等原因，场地不可能是绝对平直的平面，会有各种形式的高差和坡度存在，因此，景观工程中场地垂直于水平面的竖向就需要有周密的设计考虑。由于场地竖向的高差变化产生的场地中土方、石方的调整就会带来场地的土石方工程，如图 4-17 所示。

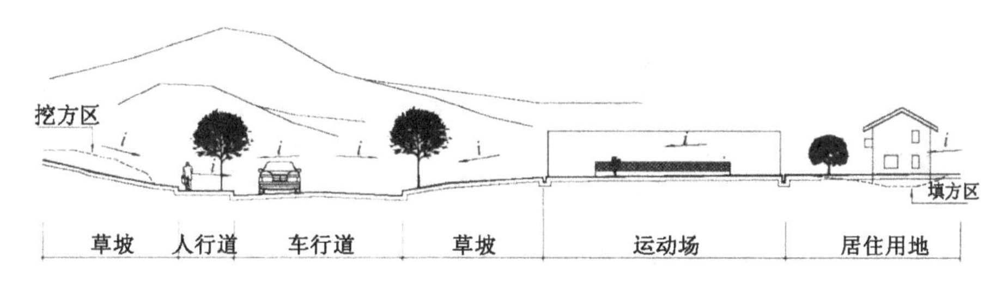

图 4-17 场地竖向图示[①]

① 本节所用的手绘图均引自邱建等.景观设计初步.北京：中国建筑工业出版社，2010.

一、场地竖向设计技术

（一）场地竖向设计的影响

场地的竖向设计应该“创造出场地现有景观要素与规划设计布局之间的地形契合”；在设计时“获得设计的视觉和文化目标，同时将整体景观的干扰最小化”。为达到上述目标，在场地竖向设计时，应主要考虑到这五个方面的影响：场地原有的地形地貌特征、景观设计目标、场地暴雨管理要求、场地地下管线走向以及自然灾害的破坏。

（二）场地竖向设计的分析

场地的高程设计可以依据原始地形地貌特征、景观空间需要等较为明确的影响因素，通过对场地坡度和一些场地控制点的高度的计算来调整和确定。

1.坡度对于场地的影响

场地在不同的使用要求下有不同的适宜坡度。一般来讲，若要有利于排水，地形坡度至少不小于0.2%。当坡度小于1%时，有排水条件，但场地须较平整，否则易积水。

1%～5%是平坦场地的坡度，在这个坡度范围内场地排水较理想，并能适合广场、运动场、停车场等较大面积使用空间的需要。

5%～10%的场地坡度易于排水，但不适于大范围的活动场地。用地自然坡度小于5%时，宜规划为平坡式地形。

用地自然坡度大于8%时，宜规划为台阶式地形。台阶式用地的台阶之间应用护坡或挡土墙连接。

城市中心区用地自然坡度应小于15%；居住用地自然坡度应小于30%。如图4-18所示为场地自然坡度处理。

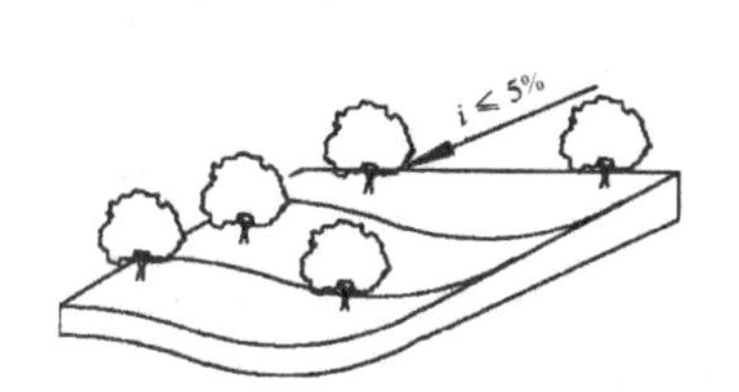

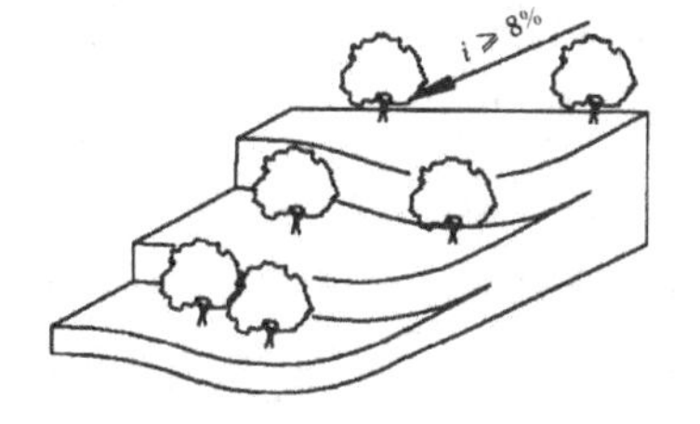

图 4-18 场地自然坡度处理图示

2. 地表排水

地表排水是场地排出天然降水的主要方式。地表径流系数能够反映场地地表径流状况，地表径流系数越高，则场地滤水保水能力越低。一般来讲，地表需要保证有 0.3%～0.8%的纵向排水坡度和 1.5%～3.5%的横向排水坡度，以保证场地排水通畅；同时，也需要控制纵向坡度，降低地表径流系数，以减弱雨水对地表的冲刷，减少水土流失。水流经过的地方应当尽量利用有植物的沼泽地和渗透设施，以降低流速，提高水质。铺装地面上的雨水应流入草地，将雨水减速和过滤。城市道路的雨水可流入两侧雨水沟渠，或直接流入附近有植被的沼泽。道路和铺装附近应有汇水设施（雨水口、排水管等），以免造成积水。

3. 道路的竖向设计

道路在场地竖向设计中是一种比较特殊的线性元素。道路的竖向设计需要考虑到道路的纵坡和横坡坡度。纵坡是指平行于道路延伸方向的纵向坡度，横坡是指垂直于道路延伸方向的横向坡度，如图 4-19 所示。

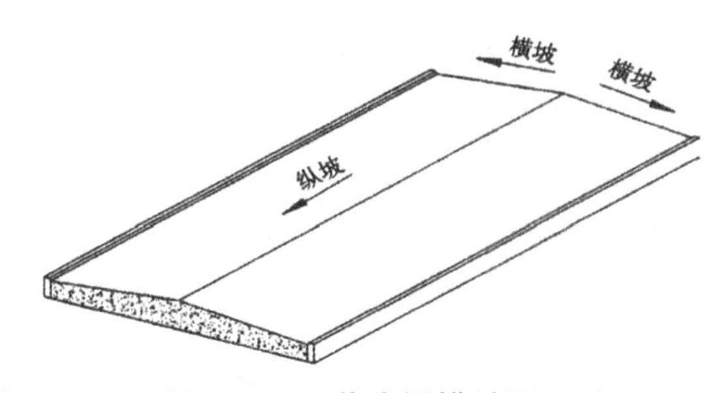

图 4-19 道路纵横坡图示

为保证有效排出路面积水，道路最小纵坡度应大于或等于0.5%；横坡设计根据路面材料和使用性质不同，一般坡度在1%～2%。道路在进行纵坡设计时，还要考虑到不同的场地条件、使用性质对道路的最大纵坡坡度和坡长有一定的限制。例如，对于机动车道，在城市中，山城道路应控制平均纵坡度，越岭路段的相对高差为200～500米时，平均纵坡度宜采用4.5%；居住区内道路纵坡坡度小于或等于8%且坡长小于或等于200米；对于公园园路，主路纵坡宜小于8%，山地公园的园路纵坡应小于12%，超过12%应作防滑处理，支路和小路纵坡宜小于18%。对于道路纵坡及横坡的具体设计要求应满足相关的设计规范。

因此，在地形图上设计道路时，应控制道路的最大坡度，当道路顺应于等高线时，可以获得较缓的坡度；当道路方向垂直于等高线时则坡度较陡。

4. 场地的暴雨管理

为在场地上进行有效的暴雨管理，场地竖向设计中也需要考虑到一些基本问题。例如，场地要有足够的排水坡度排放雨水，但是需要通过控制排水坡度、排放长度、地表透水率等方面来降低水流速度和流量，减少雨水对地面的冲刷造成的水土流失；让排水方向绕开建筑物或硬质地面，让雨水离开场地；在适宜的位置和高程设置一些排洪设施，如湿地、滞洪设施（干池或湿池）、渗透设施（渗水池、渗水沟槽等）；让硬质铺装上的雨水排向草地，降低雨水流速，避免地面的淤泥沉积等。

二、场地土石方工程设计技术

（一）场地土石方工程的影响因素

场地土石方工程包括用地的场地平整、道路及室外工程等的土石方估算与平衡。土石方平衡应遵循“就近合理平衡”的原则，根据规划建设时序，分工程或分地段充分利用周围有利的取土和弃土条件进行平衡。影响土方工程量的主要因素有：

（1）整个场地的竖向设计是否遵循“因地制宜”这一至关重要的原则。场地规划设计时应尽量尊重现有地形，减少土石方工程量，减少对使用场地不必要的改造。

（2）建筑和地形的结合情况。特别是在山地中，设计时须对坡地进行局部挖填以保证建筑地面的平整，挖填量的多少取决于建筑与基地的契合关系。

（3）道路选线对土方工程量的影响。道路尽量顺应等高线方向延伸，则可以在满足道路坡度的情况下减少土方挖填。

（4）多搞小地形，少搞或不搞大规模地挖湖堆山。小地形可以在小范围内即实现挖填平衡，不需复杂的大规模施工。

（5）缩短土方调配运距，减少搬运。场地内的挖方区和填方区尽量靠近，可以减少土石方的搬运距离。

（6）合理的管道布线和埋深。规划中使地表坡度与地下管线埋设坡度相协调，也可以有意识地减少不必要的土方回填量。

在场地竖向设计中，在满足使用需要和景观艺术品质的同时，通过有意识地计算土石方工程量进行预先的土石方工程控制，可以有效减少施工过程中的土石方工程造价。土石方工程量的计算可以通过体积公式法、断面法进行估算，也可以通过方格网法等方法进行较准确的计算，还可以在基础资料齐备的情况下用专业的计算机软件进行计算，见图 4-20。

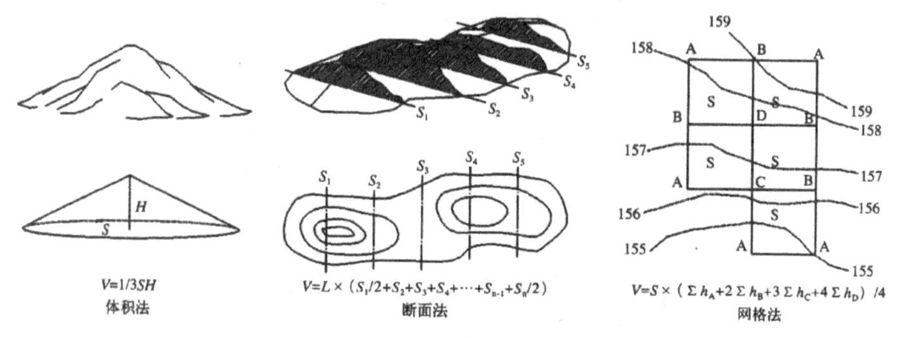

图 4-20　计算土石方工程量的方法

（二）场地土石方工程的分类

1. 以施工过程为依据的类别划分

在施工过程中，土石方工程往往是景观工程中最先开始的项目。土石方工程分为临时性工程和永久性工程。临时性工程指为景观施工而进行的管沟挖掘、基础挖掘、土方转运等，这部分工程在工程竣工后即不再体现；永久性工程是指在景观工程竣工后仍保留展现的人工造坡、微地形塑造、挖湖堆山等土石方工程。

2. 以施工方式为依据的类别划分

按照施工方式划分，土石方工程可以有人工施工（图 4-21）和机械施工（图 4-22）两种形式。人工施工是利用人工机具如锹、镐、锄、斗车等对土石方进行挖掘、转运；机械施工是指利用挖掘机、推土机、装载车、破碎机、压路机等对机械土石方进行挖填、转运、平整。

图 4-21　人工夯实

图 4-22　机械夯实

这两种方式往往综合运用，对于小场地和土石方量小的区域利用人工施工，对于面积大、硬度高、土石方量大的区域则多运用机械施工。对于大型的土方回填区域，还需要合理安排施工方式，采用分层夯筑、台阶状回填、运土堆山等方式进行施工（图 4-23）。

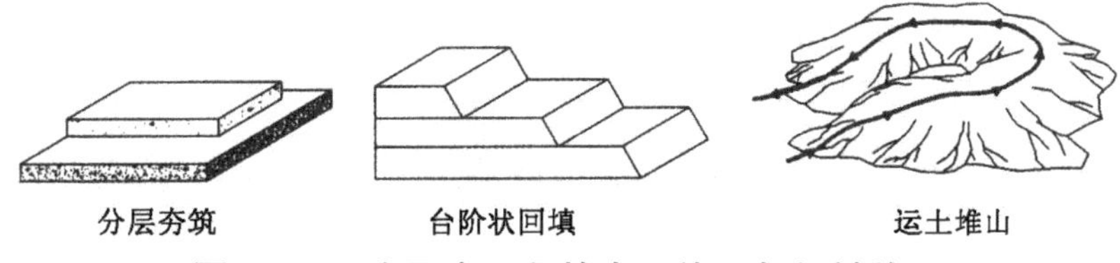

图 4-23　土石方工程的人工施工与机械施工

三、景观给水工程技术

（一）景观给水工程的特点分析

景观给水工程的主要任务是要经济、可靠、安全、合理地提供符合水质标准的水源，以满足景区内各种用水供给需求，这些需求主要来自以下一些方面，见表 4-1。

表 4-1　用水供给需求

需求名称	具体内容
造景用水	人工瀑布、溪流、喷泉、喷水池、池塘等以水为造景元素的景观节点的给水和补水
养护用水	用于灌溉、清洁等景区维护养护工作
游乐用水	景区内的公共游乐设施、儿童游乐设施等的供水
生活用水	景区内各种建筑如管理、餐饮、卫生等以及饮水点、洗手池等的用水
消防用水	景区内各种建筑内部及周边，以及场地内的喷淋设施、消火栓、消防水池等的供水

与其他类型的民用建设项目相比，景观给水工程的供水特点主要表现在以下几个方面。

第一，生活用水较少，其他用水较多。景观区域内主要用水方式还是养护用水、造景用水、游乐用水等，而用于餐饮、卫生方面的水相对较少。

第二，用水点分散，给水管线长。特别对于大型的园林景观，多数功能点相隔较远，且养护用水范围大。

第三，用水点水头变化大，如喷泉、喷灌水头要求就不同于普通生活用水头。

第四，水质要求不同。生活用水和养护用水可以采用不同的水质标准。

第五，可调整用水高峰。由于生活用水水量少，因此可以人为调整水量的使用时间，避免造成水量不足。

（二）给水工程的组成情况

从设备设施组成情况来看，景观给水工程由一系列构筑物和管道系统构成，基本组成部分为水源、给水管线和用水终端。给水工程中水的输送是以给水管道中通过泵房、泵站或利用地形高差产生的压力差作为动力的，所以给水管道属于压力管道。

从景观给水工程的工艺流程来看，可以分为以下三个部分，见表 4-2。

表 4-2　给水工程的组成

工程名称	工程阐释
取水工程	从天然水源或城市给水系统中取水的工程
净水工程	通过净水工序使水质净化，达到用水标准的工程
输配水工程	将净化后的水输送到各用水点的工程

在一个景观设计项目中，并不是这三个部分总是同时存在，如对于市政基础设施条件较好的地区，在供水量和水质标准已经满足使用要求的情况下，就只需要输配水工程。

（三）水源选择及水源设计原则

1. 水源类型与选择

景观工程中水的来源可以分为市政供水系统水源、地表水源和地下水源。

（1）市政供水系统水源

市政供水系统水源来源于城市供水管网，其水质已经按照使用标准经过处理，一般可直接使用。

（2）地表水源

地表水源指直接暴露于地面的水源，如江河湖泊、山溪、水库水等，这些水源取水方便，水量充沛，但由于暴露于露天，易受污染和自然灾害干扰，因此在设计取水点时需要注意选择取水点位置，并保护水源不受污染。在使用时，需要对水采取澄清、过滤、消毒等处理措施。

（3）地下水源

地下水源来自存在于透水土层或岩层中的地下水，一般水质相对较好，但在使用前也应当经过一定净化处理，并对取水点周边加以保护，防止地下水污染。

2. 水源设计原则

选择水源时，应当选择水质好、水量充沛、便于防护的水源。恰当的给水方式选择要综合考虑水源的可获得性、水质和造价。一般应注意以下几点：

（1）生活用水应首先选用市政给水系统水源，其次是地下水源。

（2）维护用水优先选用河流、湖泊中满足使用标准的水源。

（3）风景区须筑坝取水时，要尽可能结合水力发电、防洪蓄洪、林地灌溉等多种用水需求。

（4）有条件的地区，应使用对生活用水经过净化后的二次水源（中水）作为维护用水。

（5）各种水源取水标准应满足相关规范要求。

（6）对水源的利用，应符合相关部门对水源使用的管理规定，维护当地水资源平衡，杜绝滥采滥用。

（四）景观给水方式

根据给水性质和给水系统的构成不同，景观给水方式一般有以下三种，见表 4-3。

表 4-3 景观给水方式

方式名称	给水方式阐释
引用式	给水系统直接到市政给水管网系统上取水
自给式	在野外或郊区，在没有市政给水管网可利用的情况下，就近取用地下水或地表水
兼用式	以上两种方式结合使用，引用式主要用于用水标准较高的生活用水等，自给式主要用于用水标准较低的维护、生产、造景用水等

（五）景观给水管网设计

1. 景观给水管网设计步骤

景观给水管网在设计前，应先了解相关技术资料、区域总体规划条件和场地现有的地形地貌特征、周边水源状况等信息，在此基础上，合理确定水源和给水方式。具体步骤如下：

第一，根据现有资源条件，确定水源及给水方式。

第二，协调相关管理和使用单位，根据现场条件，确定水源接入点。

第三，根据用水特点、各用水点用水量，计算总用水量。

第四，结合场地特点、用水方式和特点、供水条件等因素确定给水管网布置形式。

第五，选用合适的水管管径，布置完整的管网系统。

2. 景观给水管网布置方式

确定给水管网布置方式，应能够在技术上保证各用水点有足够的水量和水压，在经济上选择最短的管线长度，在使用上保证管道网发生故障或维修时能够继续供给一定的水量。管道网的布置形式分为树枝形和环形两种，见图 4-24。

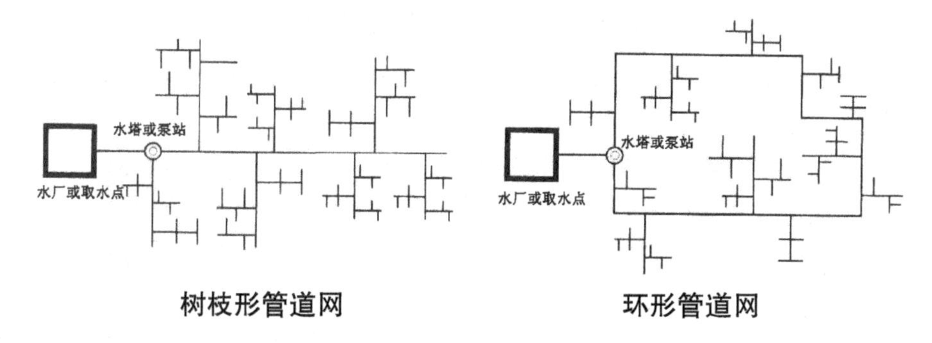

图 4-24　景观给水管网的布置形式

（1）树枝形管道网

以一条或少数几条主干管为骨干，从主管上分出多条配水支管连接到各用水点。这种形式经济性较好，但安全性较差，一旦主干管出现故障，整个给水系统就可能断水。

（2）环形管道网

主干管道布置成一个闭合的大环形，再从环形主管上分出配水支管向各用水点供水。这种管网形式所用管线较长，造价稍高，但管网安全性较好，即使主干管上某一点出故障，其他管段仍能通水。

实际使用时，两种方式经常结合使用。

（六）灌溉系统设计技术

灌溉系统包括给水管网和灌溉机具两部分。常用的灌溉系统有喷灌和滴灌两种形式。喷灌系统采用压力喷头作为喷灌机具，有移动式、固定式、半固定式三种形式。移动式喷灌系统，其喷灌机具（如发电机、水泵、干管支管等）可以移动，使用灵活，可节约用水；固定式喷灌系统灌溉机具不能移动，但操作方便、节约人工，并可实现自动化控制，是一种高效低耗的喷灌系统，常用于草坪、花圃等大面积灌溉；半固定式喷灌系统的泵站、干管固定，支管和喷头可移动，使用面也较广。

喷灌系统中，喷头的布置有正方形、正三角形、等腰三角形和矩形四种形式，如图 4-25 所示。其中三角形布置最高效，方形布置更多用于避免喷洒到人行道和建筑的小面积区域。具体采用哪种喷头布置方式，主要取决于喷头的性能和拟灌溉的地段情况。

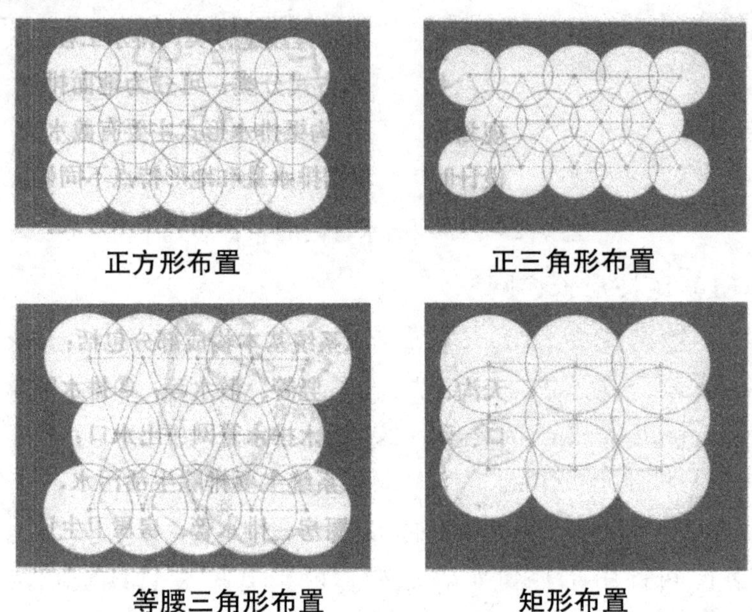

图 4–25　喷头的布置形式

滴灌系统主要使用滴灌器直接向植物根部供水，适用于气候干热缺水地区，能够减少水分挥发，使植物根部充分吸收水分，但吸收速度较慢。

灌溉方式的选择，应当综合气候条件、土壤吸水特点、植被对水的要求等多种因素，便于设备维护和节约用水。

四、景观排水工程技术

景观设计中，排水工程主要指将场地中的雨水、污水收集起来，经过一定处理，达到排放标准后排出或重复利用的工程。景观工程中的排水主要指雨水和污水的排放。

排水工程对于景观工程非常重要，没有良好的排水状况，各种雨污水淤积场地内，就会严重影响各个功能区域的使用，影响植物生长，滋生蚊虫，传播疾病。

（一）景观排水工程的特点分析

景观工程中需要排除的雨水、污水一般有以下类型：天然降水、游乐废水、生活污水，一些特定的环境整治项目也会涉及一定量的工业废水排放。其主要排水特点如下：

第一，适宜利用地形排水。景观工程中一般都会有地形变化设计，可以合理利用这种地形特点进行场地排水。

第二，管网集中。排水管网主要集中布置在人流活动频繁、建筑集中、功能综合性强的区域。

第三，管网系统中雨水管多，污水管少。

第四，排水重复使用可能性大。由于场地内的给水使用标准不同，经过一定处理净化的生活污水、天然降水也可以用于场地、植物的维护用水，以节约利用水资源。

（二）排水工程的组成情况

1. 以排水工程设施为依据的类别划分

按照排水工程设施分类，排水工程可以分为排水管渠和污水处理设施。

2. 以排水方式为依据的类别划分

按照排水方式分类，可分为地面排水和沟渠排水。地面排水常结合场地规划进行设计；沟渠排水形式主要有截水沟、排水明沟、排洪沟、排水盲沟等，设计时需要根据排水量和地形特点不同确定其断面形式、断面尺寸和纵坡坡度。此外还有两种方式综合采用的排水方式。

3. 以排水水质为依据的类别划分

按照排水水质分类，排水工程可以分为雨水排水系统和污水排水系统。

（1）雨水排水系统

雨水排水系统基本构成部分包括：

①汇水坡地、集水浅沟和建筑物屋面、天沟、雨水斗、竖管、散水等。

②排水明渠、暗沟、截水沟、排洪沟。

③雨水口、雨水井、雨水排水管网、出水口。

④雨水排水泵站。

（2）污水排水系统

污水排水系统主要排除生活污水，包括室内和室外部分。如：

①室内污水排放设施，如厨房、排水管、房屋卫生设备等。

②除油池、化粪池、污水集水口。

③污水排水干管、支管组成的管道网。

④管网附属构筑物，如检查井、连接井、跌水井等。

⑤污水处理站，包括污水泵房、澄清池、过滤池、消毒池、清水池等。

⑥出水口，是排水管网系统的终端出口。

此外，在排放标准满足的情况下，可只设一套排水管网，将雨水、污水合流排放，成为合流制排水系统。

（三）景观排水系统的布置形式

1. 正交式布置

正交式布置指排水管网的干管总走向与地形等高线或水体方向大致呈正交的管网布置方式。这种布置方式管线长度短、管径较小、埋深小、造价较低，见图 4-26。

2. 截流式布置

在正交式布置的管网较低处，沿水体方向增设一条截留干管，将污水截留并集中引导到污水处理站。这种布置形式可减少污水对园林水体的污染，见图 4-27。

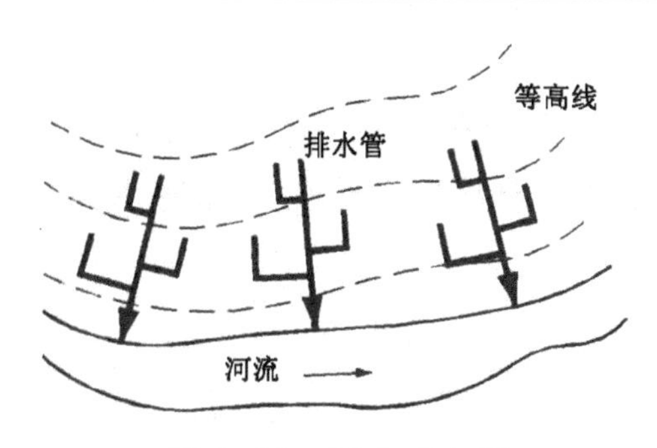

图 4-26 正交式布置

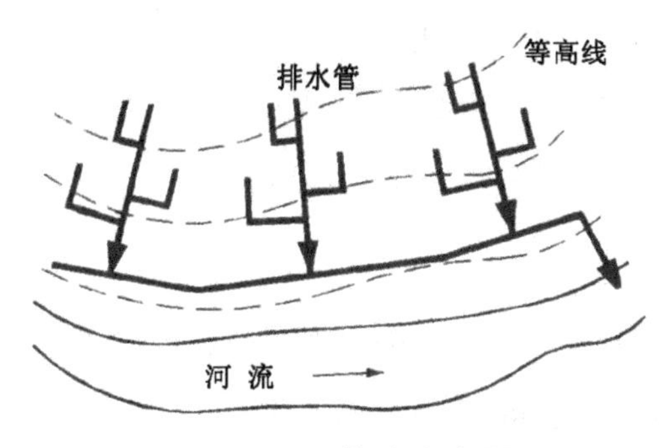

图 4-27 截流式布置

3. 扇形（平行式）布置

在地势向河流、湖泊方向倾斜较大的场地上，为避免正交式布置造成的流速过快对管道产生的冲刷，可将排水主干管平行于等高线布置，或只设计很小的夹角等的管道布置方式，见图 4-28。

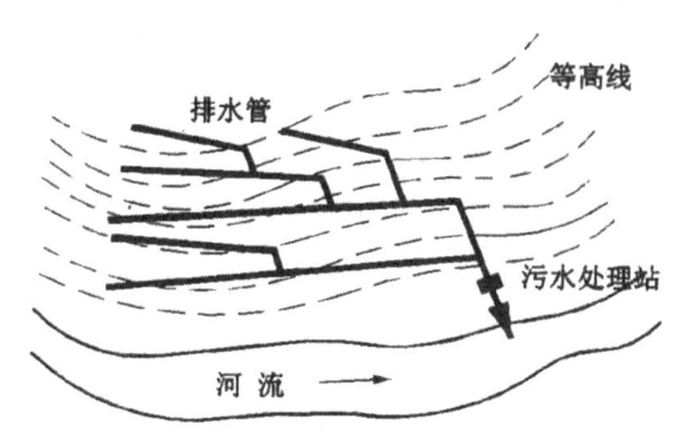

图 4-28 扇形（平行式）布置

4. 分区式布置

当规划设计的景观场地地形高低差别很大时，可分别在高地形区和低地形区各自设置独立的、布置形式各异的排水管网系统，见图 4-29。

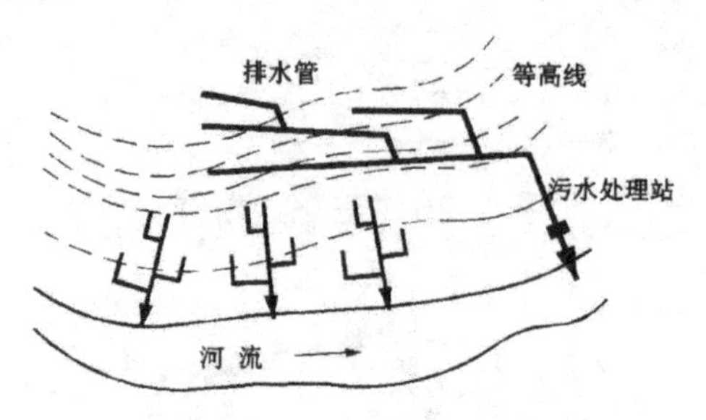

图 4-29　分区式布置

5. 辐射式布置

当场地向四周倾斜，用地分散且排水范围较大时，可将排水管网沿地形倾斜方向向四周辐射布置，这种形式又称为分散式布置，见图 4-30。

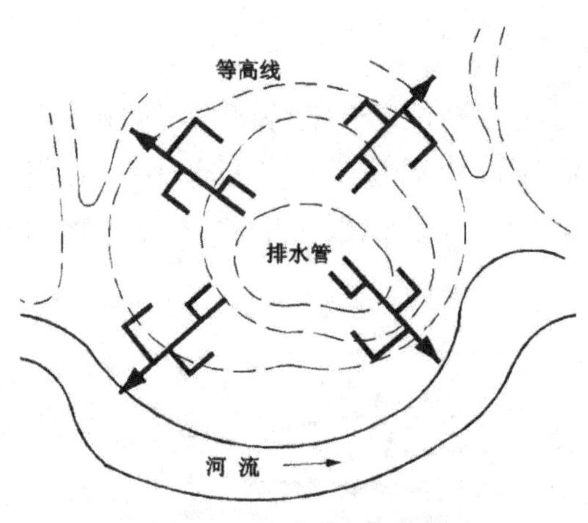

图 4-30　辐射式布置

6. 环绕式布置

在辐射式布置的基础上，沿用地周边用一根主干管将各分散出水口串联，集中排放到最低点的布置方式。这种方式便于污水的集中处理和再利用，见图 4-31。

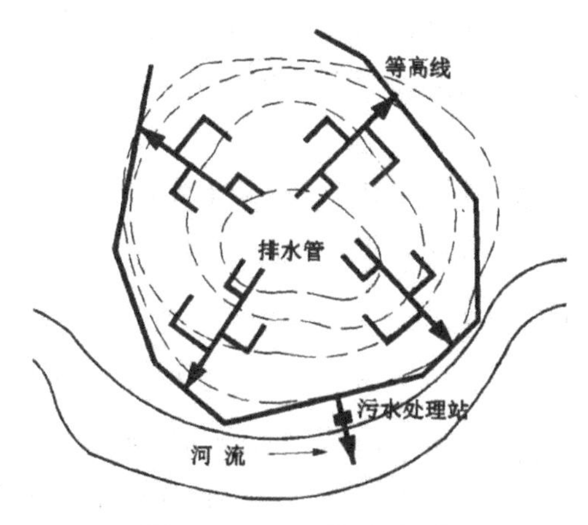

图 4-31　环绕式布置

（四）排水管网水力计算原则和管网设计

场地中的生活污水、游乐废水等，都是通过排水管渠排入处理设施。排水管网的水力计算是保证管网系统正确设计的基本依据，计算出的管网系统在使用时应保证管道不溢流、不堵塞、避免高速冲刷、能够通风排气。

1. 雨水管网的设计

雨水管网的设计，要尽量利用地形条件，就近排水。结合地形变化，尽量采用重力直流式布置雨水管道以最近的线路排放至就近水体，雨水管道出水口可分散布置，降低造价。

雨水管道的埋设可以稍深，一般在 0.5 ～ 0.7 米以下，一定要处于冻土层以下，最小管径不小于 100 毫米。其坡度、流速应满足相关规范规定。雨水管网的设计方法和步骤体现在以下几个方面：

（1）根据相关资料，推求雨水排放总量。

（2）根据规划平面图，绘出地形分水线、集水线，表明地面自然坡度和标高，初步确定雨水管道出水口，并注明控制标高。

（3）确定管网布置方式和出水口位置。

（4）计算各管段设计流水量。

（5）确定各管段设计流速、坡度、管径等。

（6）根据标准图集，选定检查口、雨水口形式，以及管道接口形式和基础形式。

（7）确定管渠埋深，进行管网高程计算。

（8）绘制设计图纸，编制相关文件。

2. 污水管网的设计

污水管网工程与雨水管网工程最大的区别在于，污水管网工程增加了一些污水处理设施。污水管网设计首先也要确定污水用量，这可以参照相关用水量标准来确定。在景观工程中，污水量一般总是小于雨水量的。污水量确定后，可以进行管网平面布置，其任务和内容主要有：确定排水区界；划分排水区域；确定污水处理设施的位置及出水口位置，以及污水干管、总干管的定线等。

污水管网的设计方法和步骤如下：

（1）利用地形界线和地形分水线，划分排水流域。确认污水源的位置和污水处理设施的布置位置。

（2）对污水管网进行选线，确定管道位置走向，确定出水口。

（3）确定污水管道支线，连接污水源。

（4）进行设计管段划分，确定设计流量。

（5）绘制水力计算草图，编制污水管网水力计算表。

（6）进行管网水力计算与高程计算。

（7）确定设计管段的设计管径、设计坡度、设计流速及设计充满度，确定各管段断面位置。

（8）绘制管道平面图与纵音 U 面图。

（五）污水处理方式

景观工程中污水性质一般相对简单，排放量少，处理方式也相对简单。常用的处理方式有以下几种。

1. 以除油池除污

这种方式主要用于处理餐厅、厨房排出的污水。

2. 用化粪池化污

这种方式主要用于对公厕粪便的处理。

3. 利用沉淀池

在重力作用下，水中物质可以与水分离沉淀，多用于含颗粒杂质较多的污水。

4. 利用过滤池

使污水通过滤料或多孔介质得到过滤。

5. 好氧分解塘

在温暖的气候条件下，建造 600 ～ 1500 毫米深的水塘，依靠自然过程来处理污水。其基本原理是在池中进行固体废弃物的厌氧分解，微生物排放出来的营养物质可以促进藻类或湿地植物生长，引入好氧菌分解以减轻臭味。

6. 人工湿地

在固化池中经过厌氧分解的固体废弃物，其有机质和氮通过生物机制被除去。同时大量磷被土壤介质吸收，为进一步的污水处理创造了条件。

五、景观电气工程技术

景观电气工程可以分为强电工程和弱电工程两部分。其中，强电工程指景观工程中涉及的照明、动力（如灌溉、游乐设施等）工程。这部分工程需要 220 伏或 380 伏的低压交流电源，采取三相四线制供电。弱电工程主要是指电话、网络光纤、有线广播、智能化系统、安全防范系统、公共显示系统等内容。

（一）强电工程技术

1. 送配电过程

送电与配电的过程是电能从电厂以高压方式输送出来后，经过电缆传输，在变电所降压至中压电，再输送到各电力使用区域，经变压器降至低压电后，由配电箱输送到各用电点。其过程，如图 4-32 所示。

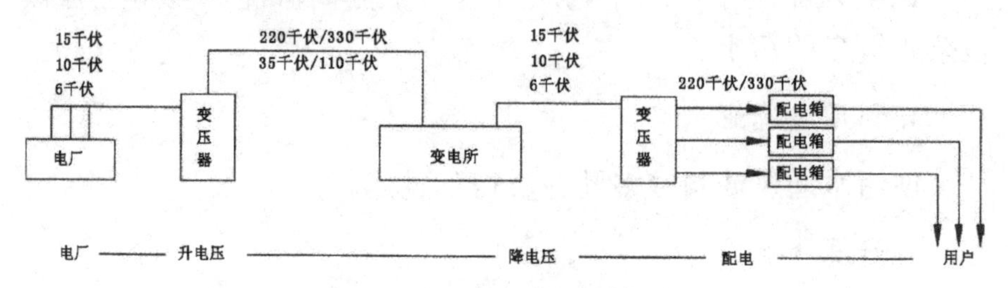

图 4-32 送配电过程图示

2. 低压配电线路布置方式

到达用户之前的低压配电线路布置有以下一些方式。

（1）链式线路：适宜在配电箱设备不超过 5 个的较短配电干线上采用，见图 4-33。

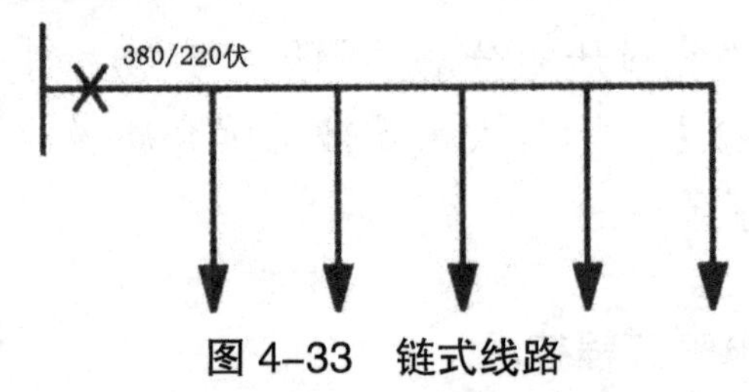

图 4-33 链式线路

（2）环式线路：用电可靠性较高，系统不会因局部故障而断电，但投资较大，见图 4-34。

（3）放射式线路：供电可靠性高，但投资较大，用于用电要求较高、用电量较大的区域，见图 4-35。

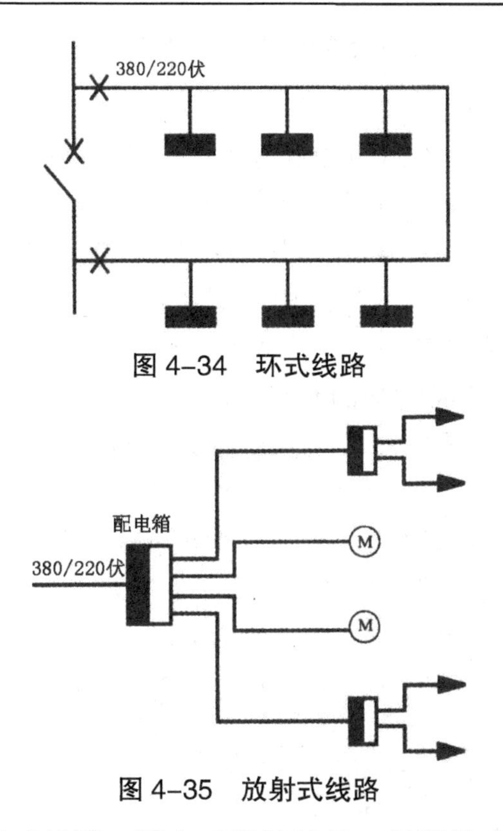

图 4-34　环式线路

图 4-35　放射式线路

（4）树干式线路：用电可靠性较差，投资较小，见图 4-36。

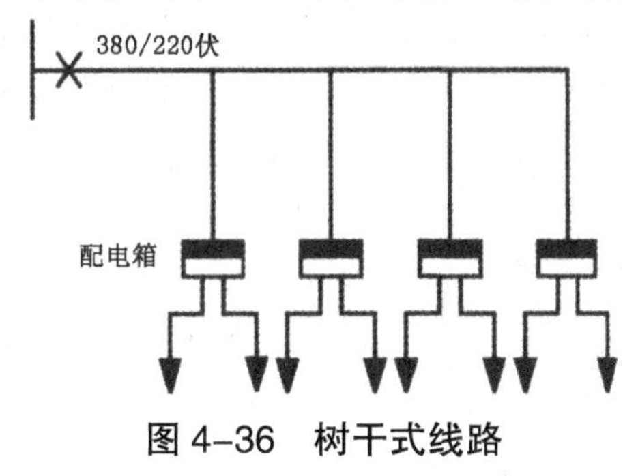

图 4-36　树干式线路

（5）混合式线路：综合运用上述方式的线路，可根据不同用电区域特点配合使用。

供电设计的主要任务是确定景观工程用电量，合理选用配电变压器，布置低压配电线路系统和确定配电导线的截面面积，以及绘制配电线路系统的平面布置图等。

3. 强电工程对照明设备的要求及平面布置

（1）对照明设备的要求

景观工程中，不同的使用功能对照明设备有不同的要求。对于大型高速路、露天体育场和停车场，一般选用高度为 18 ～ 30 米的大型照明设备；居住区街道、城市步行道和建筑照明，可选用标准高度为 6 ～ 9 米的中型照明设备；公共花园和小型花园照明，可选用高度为 3.5 ～ 4 米的中小型照明设备。

（2）照明设备的平面布置

照明设备的平面布置既要保证路面有足够的照度，又要讲究一定的装饰性。中型路灯间距一般在 10 ～ 20 米，且要保证有连续不断的行人照明。当道路宽度在 7 米以上时，可以在道路两侧布置路灯；当道路宽度小于 7 米时，可以单边布置路灯，见图 4-37。

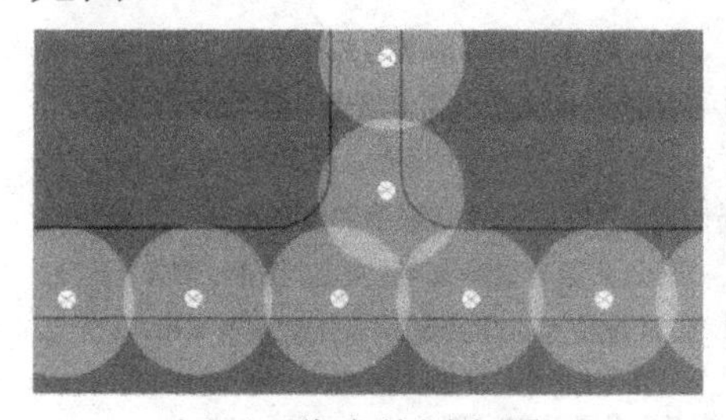

路灯沿道路单侧布置

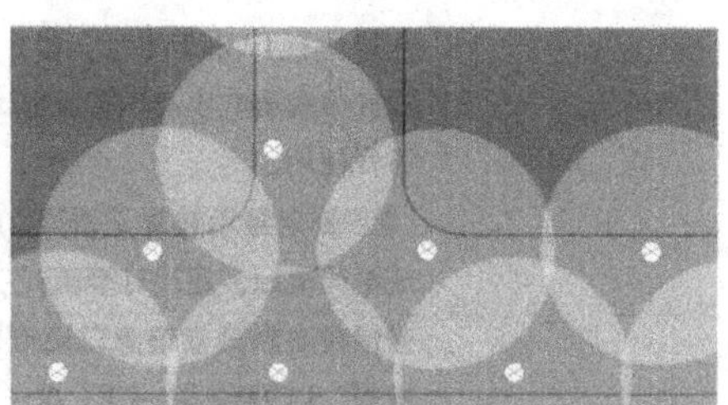

路灯沿道路双侧布置

图 4–37　路灯的布置形式

4. 路灯的架设方式

路灯的架设方式主要有杆式和柱式两种。杆式路灯一般用在场地出入口内外主路和通车的主园路中；柱式路灯主要用于小游园散步道、滨水游览道、游息林荫道等处，以石柱、砖柱、混凝土柱、钢管柱、铝柱等作为灯柱，柱较矮，可设计为 0.9 ～ 2.5 米高；在隔墙边的园路路灯，也可以利用墙柱作灯柱。

5. 灯具的装置位置和方式对照明效果的影响

灯具的装置位置和方式不同，照明的效果会有多种形式：

（1）向上照明由安置在地面上或埋置在地下的投射灯向上

照明，重点将被照射物下部照亮，增强景观夜间的表现力。

（2）月光式照明由隐匿光源在树上投射出斑驳的类似于月光照耀的效果。

（3）侧光照明常用于将建筑物的侧面照亮，结合光线的退晕效果形成面状的光线变化。

（4）射灯照明用隐蔽很好的射灯重点照射表现雕塑、小品或特殊植物。

（5）泛光灯照明利用散布光线产生的圆形光来削弱阴影形成均匀的照明效果。

（6）小径照明着重对步行道的地面进行照明，见图 4-38。

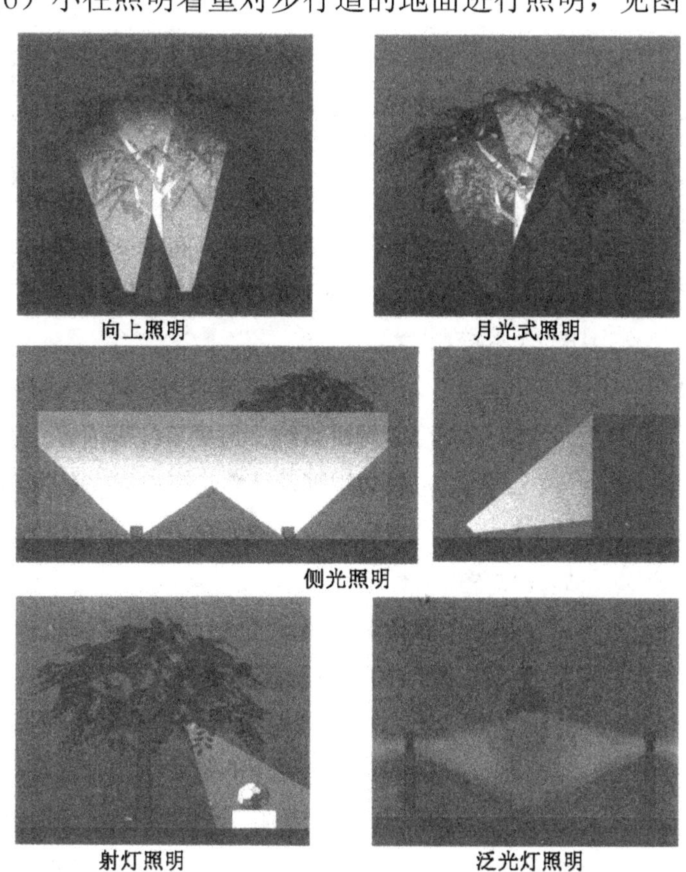

小径照明

图 4-38　灯具的装置方式所带来的不同的照明效果

（二）弱电工程技术

景观工程中的弱电工程主要用于公众服务和区域管理。公众服务方面包括公用电话系统、公众显示装置、有线广播系统等；区域管理方面包括管理用通信系统、信息网络系统和安全防卫系统、停车场（库）管理系统等。

1. 公众服务工程技术

（1）公用电话系统技术

公用电话系统与城市公用电话网络连接，有 IP 磁卡电话、投币电话，结合各种电话亭的独特造型，往往是景观设计中重要的小品内容，其位置应布置在景区主要道路或交通节点附近，便于寻找使用。

（2）公众显示装置技术

公众显示装置是由显示器件阵列组成的显示屏幕和配套设施，以低压交流电为电源。通过计算机控制，在公共场合显示文字、文本、图形、图像、动画、行情等各种公众信息以及电视、录像信号。常用显示器件类型有 LED 发光二极管、LCD 液晶、CRT 电子束。显示屏有大型显示屏和小型触摸屏等，用以提供公示信息或视频播放，其位置宜设置在主要出入口附近或重要交通节点处，有特殊指导、演示功能的显示屏幕可在其服务的功能区显眼处设置。

（3）有线广播系统技术

有线广播系统有业务性广播系统（播放语言为主）和服务性广播系统（播放背景音乐）。景观工程中主要应用的是后者。有线广播系统的控制室一般设置在管理用房中，扬声器一般经过外部装饰（如外形设计为景石、蘑菇等形式）作为小品点缀在环境中，同时也可避免风吹日晒。在公共集会的地方，扬声器安装在电杆或墙上，高度一般为 4 ～ 5 米。

2. 区域管理工程技术

景观工程中作为管理功能的通信系统、信息网络系统一般设置在管理用房内，停车场（库）管理系统设置在停车场（库）的出入口处。

安全防卫系统的内容包括入侵报警系统、视频监控系统、出入口控制系统、访客对讲系统、巡更系统等内容。安全防卫系统在住宅小区内应用更为广泛，在景观规划设计中，应根据安全防卫系统的布置和安装要求，结合景观工程其他内容统一。例如，在采用主动红外入侵探测器时，红外光路中应避免出现可能阻挡物（如室外树木晃动）。对于这些需要全面了解、勘察防护范围及特点，包括对地形、气候、各种干扰源的了解，以及发生入侵的可能性。

（三）线路敷设技术

电气线路敷设应结合其他管路敷设综合考虑，但其自身也有一定要求，如暗敷于地下的管路不宜穿越设备基础，如必须穿越须加套管保护；室外地下埋设管路不宜采用绝缘电线穿金属管的布置方式；电缆埋在易受损伤的区域时应加套管保护；电缆在室外埋设深度不应小于 0.7 米；当直埋在农田时不应小于 1 米；在寒冷地区，电缆应埋设于冻土层以下。线路敷设的平面线路可以平行于道路设计，一半埋置在绿化用地中，且尽可能减少管线长度，节约投资。

六、工程管线综合技术

各种管线在景观工程的设计过程中往往会因各自的选线、埋深等原因产生矛盾，因此，在设计中就应该对各种管线的设计要求作一个全面的分析和研究，制定协调解决办法，使整个景观设计能够顺利按照设计实施。

（一）管线类别划分

在景观工程中的各种管线根据其管线性质与用途，可以分为以下几种类别，见表 4-4。

表 4-4　管线类别划分

类别名称	内容涵盖
排水管线	灌溉给水、造景给水、消防给水、生活给水、游乐给水等给水管线和雨水管沟、污水管等
电气缆线	照明、动力等电力缆线和电话、广播、光纤、网络等
气体管道	各种煤气、天然气管道和蒸汽管道等
其他管线	有可能穿过场地的道路涵管、电车轨道线、热水管、石油管、氧气管、压缩空气管、酒精输送管、乙炔管、灰渣排放管等

（二）管线的敷设方式

景观工程中管线的敷设方式有架空敷设和埋地敷设两种方式。

1. 架空敷设

架空敷设以支架或支柱将管线架离地面，在工程投资上较为节约，但在景观工程中却会给整个环境在视线和人的活动安全性上带来很大的负面影响，因此，在景观设计中要尽量避免将管线架空敷设。如确实需要架空敷设，则应将管线沿场地边沿设计，并保证足够的高度，以确保管线的安全性和不受损害。

2. 埋地敷设

埋地敷设，即将管线掩埋在地下敷设，因此不会影响景观的视觉效果。进行埋地敷设设计时，需要着重考虑管线的埋设深度。当埋设深度大于1.5米时，称为深埋；当埋设深度小于1.5米时，称为浅埋。在设计埋设深度时，要结合管线类型、荷载情况、冻土层深度、相邻管线埋深等多方面因素综合考虑。例如，热力管道直埋在土中，深度为1米，但若埋在管道中，深度就可以是0.8米；排水管道深度要求不小于0.7米，给水管道深度要求在冰冻线以下。

埋地敷设对管线水平方向外皮间的净距也有一定要求，如给水管和排水管间的净距要不小于1.5米，热力管和排水管间的净距不小于1米。

各种地下管线交叉或平行设置时，在垂直方向上也有净距要求，如煤气管道和排水管之间至少需要0.1米的垂直距离。

（三）管线综合布置的原则

管线综合设计要求掌握场地内各种管线布置的基本要求，掌握工程管线综合的一般原则。例如，跟踪管线所采用的定位系统和高程系统应该一致；对已有管线应该尽量利用；管线布置线路应该最短，并尽量沿边缘地带敷设在绿化用地中，并与道路或场地边缘平行；靠近建筑物的管道综合布置时，可燃、易燃和可能损害建筑物基础的管道应该尽量远离建筑物。

管线交叉敷设布置时，各种管道自上而下的布置顺序一般依次是：电力电缆—电信电缆或电信管道—热力管道—燃气管道—给水管道—雨水管道—污水管道。各种管线间的垂直和水平净距应满足相关规范要求。

管线发生冲突时，一般应遵循以下原则：临时管线让永久管线；小管道让大管道；可弯曲的管线让不可弯曲的管线；压力管道让重力自流管道；还未敷设的管道让已经敷设的管道。

（四）管线规划综合与管线设计综合

管线工程综合可以分为两个阶段：第一个阶段是管线的规

划综合，第二个阶段是管线的设计综合。规划综合是景观总体规划工作的一部分，需要根据景观总体规划已确定的地形、水体、园路、广场及根据工程管线的所有景观设施的布置情况来决定景观工程中主干管线的基本走向，解决管线系统的问题和矛盾，确定主要控制点和布线原则。

管线综合设计是对管线工程的详细规划。进行管线工程综合设计时，要根据各类管线具体的设计资料和景观规划所确定的管线的使用情况，不但要确定各项管线具体的平面位置，而且要检查管线在垂直方向的相互关系，保证管线敷设符合规范要求，并且经济适用。

管线规划综合与管线设计综合都需要参与景观工程设计的各个专业设计人员相互间充分协调，合理安排设计程序，并在设计过程中不断优化设计方案，将施工中发生问题的可能性降到最低。

第五章　中外景观设计历史实践

现代景观的许多设计理念，起源上都可以从古老的历史文明中寻找答案。因此，只有了解历史，总结历史，才能对景观设计这门古老而又年轻的学科产生较深的认识。本章站在历史的视野下，分别探讨中外景观设计的发展。

第一节　中国景观设计简史

一、中国古代景观设计

中国古代景观在传统意识上，不仅仅是满足于房屋庭院的使用功能，而是融入了中国传统美学和哲学思想。中国的传统景观主要体现在园林和城市两个方面。

（一）中国古代园林设计

中国的古代园林在中国设计史上是非常具有代表性的，其影响范围之广泛，甚至推动了西方传统园林的发展。

1. 中国古代园林的起因

中国古代园林包含着人类对理想景观的向往，对神话仙境的幻想，它是中国古代传统文化的结晶，探究中国古代园林的起因，要从四个方面进行认识：老庄哲学思想；视觉上的追求；对仙境的幻想；社会经济兴盛时期的产物。

其中老庄哲学思想倡导人的清高无为，回归自然。而视觉上的追求主要是古代的宅第宫殿讲究严谨的对称形式。比如，《营造法式》的出现，对于房屋的制式又有了更多的限制，这使整个居住环境显得严肃而呆板。自然式园林的出现，成为贵族、文人用来调剂心态的一种方式，同时反映了人类希望回归令人清爽愉快、心胸开阔的自然环境中去的本性，见图5-1《营造法式》中的“天宫楼阁佛道帐”，图5-2宋《营造法式》卷三十二门窗格子和图5-3宋《营造法式》卷三十二小木作制图样。

图 5-1 《营造法式》中“天宫楼阁佛道帐”

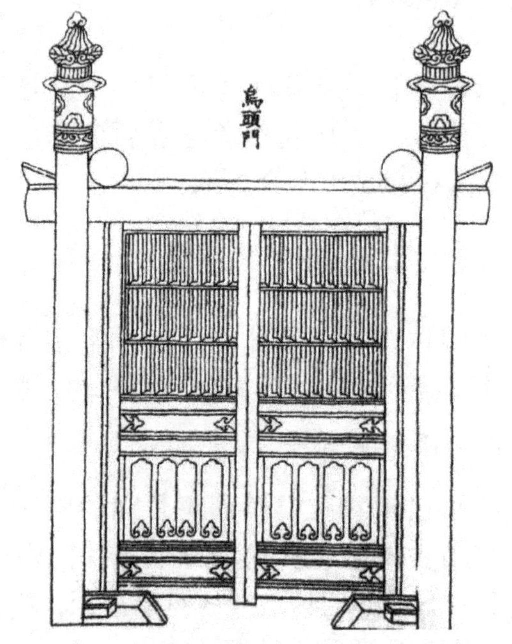

图 5-2 宋《营造法式》卷三十二门窗格子

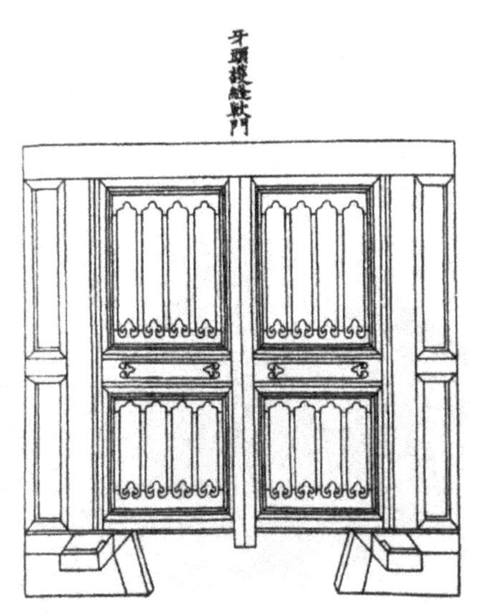

图 5–3　宋《营造法式》卷三十二小木作制图样

2. 中国古代园林的建造

（1）中国古代园林建造的记载及早期发展

园林建造最早的记载是在殷朝纣王时期，具有代表性的有春秋战国楚灵王的章华台，秦王朝时期的阿房宫，汉武帝的昆明池、上林苑、甘泉苑，南北朝时期的张伦园等。

在宋以前，园林的功能多为训练军队、狩猎等使用，虽然有观赏的功能，但较为精美的人造园林还不多见，对山石的普遍使用，是在宋代开始进行的。据记载，北宋徽宗时期从江南运花石到汴京，用来修筑艮岳花园，最高之石可达四丈，须拆门拆桥方可运达。宋代的园林在建造方面非常讲究，要求精益求精，其建筑、植物、动物、川谷、山石、流水等布局前后呼应，高低错落，形成了精美而雅致的艺术风格。

（2）明清时期的园林建造

明清时期，园林建造达到了一个极盛时期。尤其是明代计成所著《园冶》一书的刊行，为明清时期的园林树立了理论基础。书中列举了许多园林建造方面的设计、平面布局、山石建筑等理论，对后世的园林产生了极为深远的影响。

清康熙、乾隆时期，由于当时经济繁荣，社会安定，从而再次兴起造园之风。尤其乾隆几次江南巡视，把苏杭一带著名风景及园林的缩影移植于圆明园，这极大地丰富了北方的园林样式。清代的园林有很多，其中较为著名的有热河避暑山庄（图5-4）、北京三海（图5-5）、清漪园（图5-6）等。

图 5-4　热河避暑山庄

图 5-5　北京三海

图 5-6　北京清漪园

3. 中国古代园林审美艺术

中国古代园林是由建筑、山水、花木等组合而成的一个综合艺术，富有诗情画意。中国古代园林在意境方面与中国山水画是相通的，在布局构图上也是以山水画作为依据，山水画的画理在中国古代园林中处处得以体现，见图 5-7 明代董其昌《仿宋元人缩本画》、图 5-8 清代石涛《黄山图册》。

图 5-7　董其昌《仿宋元人缩本画》

图 5-8　石涛《黄山图册》

中国古代园林除了体现诗情画意之外，同时还注意高低疏密，实中有虚，虚中有实，山路宛转，楼台掩映，曲折变化，抑扬顿挫，生动空灵等多种形式的结合表现。成熟的造园理论，优良的制作手法，使中国古代园林体现出了幽雅高超、清新灵动、超凡脱俗的艺术风格。

（二）中国古代城市景观设计

1. 中国古代城市景观概述

中国古代城市在建造方面大多采用土、木、砖等材料，与西方建筑中大面积采用石材相比，在处理方面要简易一些，但却不易保存。往往一个都城是建立在另一个旧城的原址之上，而旧城的规划、格局、手法及功能的体现，都无疑会对新城的兴建产生一定程度上的影响，使新城在政治、军事的完备性方面得到更好的体现。这种按照统治者意图而兴建的城市一般格局比较整齐有序，强调左右对称，分区明确，街道宽大，绿化及排水系统均甚完善。

2. 中国古代城市景观举例[①]

（1）东汉洛阳城

东汉洛阳城，始建于东汉初年，洛阳城在城区划分上非常明确，强调左右对称，街道平直，形成棋盘状。宫殿居后，民宅置前，洛阳城的整个规模虽较长安城小，但整体规划的水准上却要完善得多。极具特色的是富丽堂皇的南北两宫，两宫之间架设天桥，帝王大臣来往于天桥之上，行人行走于天桥之下，互不相扰。[②]

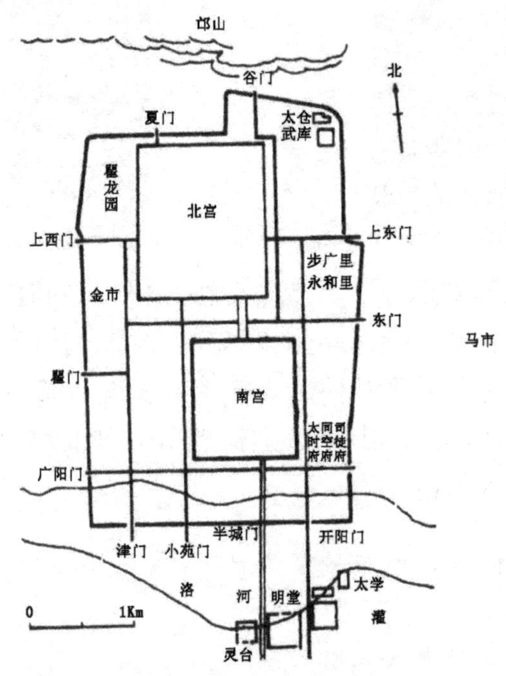

图 5–9　东汉洛阳平面图

① 在中国几千年的封建历史中，能够记载下来的城市有很多。较为著名的城市有商代的郑州城，汉代的长安城、洛阳城，北宋的国都汴梁，元朝的大都，明清的北京城等，其中具有代表性而又能见诸实物的，要算东汉洛阳城及明清的北京城。

② 汉代是一个注重儒家思想、黄老方士、阴阳五行禁忌的朝代，对于宅第左右对称、长幼尊卑的使用已非常广泛。在制作手法上也取得了很大的成就，如台基、柱身、屋顶、斗栱、彩绘等大量的使用。东汉洛阳城的建城理念，对以后的各个朝代都城的规划提供了非常完善的蓝本，其影响力是巨大的。

图 5-9 是东汉洛阳平面图，洛阳城又称九六城，即东西宽六余里，南北长九余里的长方形城，城市围墙整齐，宫殿居后，民宅置前。

图 5-10 和图 5-11 分别为汉代时期陶楼和绿釉陶楼，即陪葬冥器，通过该陶器可以立体了解到汉代建筑的构造，有居住和观望的意思。

图 5-10　汉代时期陶楼

图 5-11　汉代绿釉陶楼

图 5-12 是汉代最常用的“一堂二内”的制度，“内”的大小是一丈见方，堂的大小等于二内，所以汉代住宅平面是方形，近于“田”字，下图反映的是汉人具有厚堡式的四合院。

图 5-12　汉代最常用的“一堂二内”的制度

（2）北京城

北京城是在元大都的基础上修建起来的，明朝北京城的规划与设计几乎是以南京城为依据，但要比南京城更加壮丽雄伟。值得注意的是，明朝在建城的过程中，大量使用砖及石砌，这在明朝以前并不多见（明朝以前，城市多为土筑）。

清军入关以后，延续了明城的旧制，并在原来的基础上修建和改建。北京城的规划强调左右对称，皇宫居中，几条主要干道相互贯通，东西方向的小巷与之相连接（这种东西方向的小巷，利于房屋面向正南，采纳更多的阳光），这样的规划既简洁又方便快捷。城内的园林也达到了空前的发达，有皇家享用的三海，还有供城内居民游览观赏的外三海。

图 5-13 为明清时期北京城平面图，强调以皇宫为正中，全城左右对称布置，清朝在明基础上又进一步改造，但格局并无太大变化。

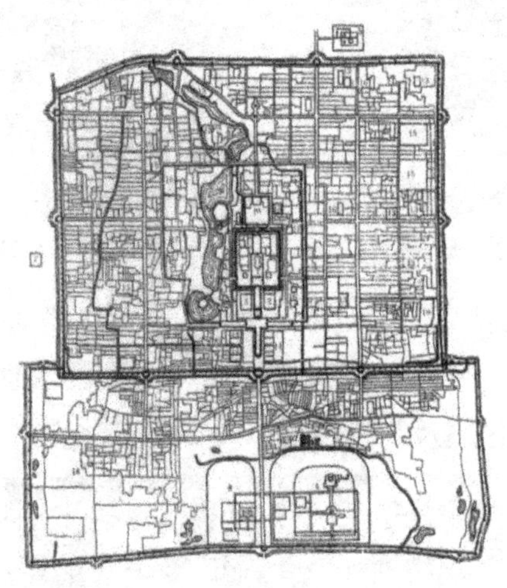

图 5-13　明清时期北京城平面图

图 5-14　北京明朝的宫城图

图 5-15　北京清朝店铺

图5-14为北京明朝的宫城图，体现了明朝建筑的格局及特征。图5-15为北京清代店铺，从侧面反映出清代的民、商铺的特征。

二、中国近代景观设计

从鸦片战争开始一直到中华人民共和国成立，中国景观设计的发展及变化都是空前的。在1840年鸦片战争后，特别是辛亥革命后，中国的景观设计历史开始步入了一个新的阶段。

（一）公园的建立

公园的建立是中国近代景观设计发展阶段的主要标志。在这期间，对于公园的建设包括以下两个发展方向：

（1）各国列强在租界内建立的公园，使西方的造园艺术开始被较多的民众所认识，如上海的外滩花园（现黄埔公园，建于1868年）、法国公园（现复兴公园，建于1908年），天津的英国公园（现解放公园，建于1887年）、法国公园（现中山公园，建于1917年）等。

图5-16　上海外滩花园

（2）中国自建的公园，如南京的玄武湖公园（建于1911年）、成都的少城公园（建于1910年）、无锡的城中公园（建于1906年）等。在中国自建的公园中，除无锡的城中公园为当地商人集资营建外，其他的公园建设均为清朝地方当局出资。

图 5-17　南京的玄武湖公园

（二）皇家园林的开放以及私家景园的建造

在辛亥革命后，北京的皇家苑囿和坛庙开始陆续向民众开放，其中有 1914 年开放的中央公园（现中山公园）、1924 年开放的颐和园、1925 年开放的北海公园等。截止到抗日战争爆发，中国已经建有公园数百座。

图 5-18　北京中山公园

此外，在中国近代公园出现的同时，一些军阀、官僚、地主和资本家等仍在建造私家景园，如府邸、墓园、避暑别墅等，其建造风格多为仿西式或中西混合的设计形式，但很少有成功的力作。

三、中国现代景观设计

景观设计的发展，始终是伴随着社会进步的脚步而进入人们的日常生活中来。因此，每一位景观设计师都应深刻了解景观设计的真正含义，以及景观对于人类生存环境的发展意义，以便在景观设计的实践过程中创造出更加完美的人居空间环境。

从中华人民共和国成立至今，中国现代景观设计的发展大致经历了以下五个阶段。

（一）中国现代景观设计的恢复与建设时期

1949~1959 年，是中国现代景观设计恢复与建设时期。

中华人民共和国成立之初，由于经济条件的不足，在城市建设中很少新建公园，而是把中华人民共和国成立前的仅供少数人享乐的场所，逐步改造成为可供广大人民群众进行娱乐、游览、休闲的公园。随着国民经济的不断恢复，中国于 1953 年开始实施第一个国民经济发展计划，城市景观建设也由初期的恢复阶段开始进入有计划、有步骤的建设阶段。中国城市的景观建设开始有了较大的转变，也取得了一定的成绩，如在许多城市中开始新建公园、绿化街道、绿化工厂、绿化学校、扩建苗圃等。

（二）中国现代景观设计发展的调整时期

1960~1965 年，是中国现代景观设计及发展的调整时期。

这一期间，由于中国遭受了多年的严重自然灾害以及不利的国际环境等影响，中国现代的景观建设面临着严重的困难。景观建设投资缩减，景观工程被迫下马，甚至在有些城市中还出现了公园农场化和林场化的发展倾向。

（三）中国现代景观设计的损坏时期

1966~1976 年，是中国景观建设的损坏时期。

此期间，全国的景观及绿化事业都遭受到了极大的历史性破坏。

（四）中国现代景观设计的蓬勃发展时期

1977~1989 年，是中国现代景观设计的蓬勃发展时期。

这一时期，由于党中央制定出了一系列的方针政策，并将景观绿化事业提高到了两个文明建设的高度来抓，使景观设计和建设又重获新生。1978 年 12 月，国家建委召开了第三次全国城市景观绿化工作会议。在这次会议上，首次提出了城市景观绿化的规划指标：城市公共绿地面积，近期（1985 年）争取达到人均 4 平方米，远期（2000 年）达到人均 6 ～ 10 平方米，新建城市的绿地面积不得低于用地总面积的 30%，旧城区改造所保留的绿地面积应不低于占地总面积的 25%。城市绿化覆盖率，近期达到 30%，远期达到 50%。从此，中国现代的景观设计开始步入一个新的发展阶段。

（五）中国现代景观设计的巩固与前进时期

1. 中国现代景观设计的发展状况总结

1990 年至今，是中国现代景观设计及发展的巩固与前进时期。

与以往景观设计的发展过程相比，此阶段中国现代的景观设计，不论是在继承民族传统文化方面，还是在艺术表现形式上，都得到了较为可观的长足发展和创新。这一时期，单从园林景观设计方面来看，中国自然山水的传统园林景观艺术得到了较好的继承和发展，如在中国的绝大多数新建公园或公共绿地的园林景观设计中，都选择了自然山水的景观表现形式，以山水的规划与表现为景观的构景主体，因山就水布置亭、台、楼、榭及花草树木，并同时引入较大面积的缓坡草坪，将西方园林景观的表现形式也融入了具体的设计之中。

2. 中国现代景观设计的发展表现

自改革开放以来，特别是进入 20 世纪 90 年代以来，随着国民经济的不断发展及人民物质文化生活水平的日益提高，人们的思想观念也发生了巨大的改变，中国现代的景观设计从此将迎来一个全新的发展机遇，其中在下几个方面的表现尤为突出。

（1）城市开发的进程与景观建设的规模不断扩大。

（2）重视景观规划与布局的合理性，引入生态规划思想和大环境的概念，从景观设计的整体上逐步地提高了城市环境的综合指标。

（3）进一步吸取了国外先进的城市规划理念，将景观设计与公共艺术以及城市规划三者融为一体。

（4）进一步完善了景观建设的法律、法规，建立了完整的景观理论体系。

（5）进一步走向世界，开始在国外建设中国式园林景观，同时也将世界上先进的景观艺术引入中国。

3. 中国现代景观设计的基本特征

中国现代的景观设计也是在它前一时期的基础上，结合本时期社会、经济及人们生活方式的客观需求，通过不断地推陈出新和引入国外先进的景观设计理念而得以发展。从景观设计的专业角度来看，中国目前的景观设计具有以下基本特征：

（1）追求设计要素的创新。

（2）突出形式与功能的完美结合。

（3）体现景观设计中现代与传统的对话。

（4）强调景观场所的特征与景观文化的现实意义。

（5）尊重自然和提倡生态环境的可持续发展。

（6）在当代艺术思潮的影响下不断向传统的景观设计观念挑战。

（六）中国现代景观设计举例

1. 哈尔滨群力国家城市湿地公园

该公园是我国第一个雨洪公园，占地 34 公顷。场地原为湿地，但由于周边的道路建设和高密度城市的发展，导致该湿地面临水源枯竭，并将要有消失的危险。设计策略是利用城市雨洪，恢复湿地系统，营造出具有多种生态服务的城市生态基础设施，见图 5-19 至图 5-22。

图 5-19　群力国家湿地公园（1）

图 5-20　群力国家湿地公园（2）

图 5-21　群力国家湿地公园（3）

图 5-22　群力国家湿地公园（4）

2. 奥林匹克森林公园

奥林匹克森林公园在贯穿北京南北的中轴线北端，位于奥林匹克公园的北区，是目前北京市规划建设中最大的城市公园，让这条城市轴线得以延续，并使它完美地融入自然山水之中。这里被称为第 29 届奥运会的“后花园”，赛后则成为北京市民的自然景观游览区，见图 5-23 至图 5-26。

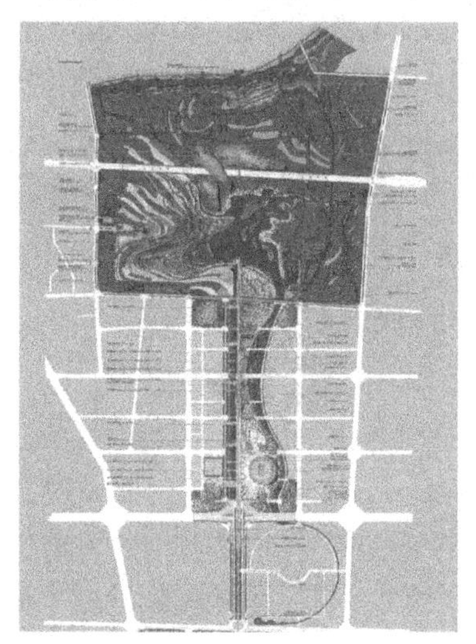

图 5-23　奥林匹克森林公园（1）

图 5-24　奥林匹克森林公园（2）

图 5-25　奥林匹克森林公园（3）

图 5-26　奥林匹克森林公园（4）

第二节　外国景观设计简史

一、古代时期的景观设计

城市的建立标志着文明的崛起，文明与艺术往往是相伴随的，人类在满足最基本的生活条件后，对艺术的追求便变得迫切起来，这种与功能相结合的艺术表现，体现在古代城市景观的方方面面。无论是埃及的孟菲斯古城、两河流域的尼尼微城、印度的莫亨约达罗城，还是古希腊的迈西尼、古罗马的庞贝城，无不陶醉于这种文明与艺术的召唤之中，如图 5-27 古埃及阿蒙神庙外观、图 5-28 印度泰姬陵、图 5-29 阿波罗神庙、图 5-30 古罗马斗兽场。

图 5-27　古埃及阿蒙神庙外观

图 5-28　印度泰姬陵

图 5-29　希腊阿波罗神庙

图 5-30　意大利古罗马斗兽场

在这段时期里，城市景观的理念已经产生，建筑、广场、园林、道路、公共设施、排水系统等都体现得较完善。[①]

（一）古埃及城市景观

位于非洲东部尼罗河下游，尼罗河是生活及农垦的唯一水源，称为“沙漠中的绿洲”。历经4个时期：①古王国时期；②中王国时期；③新王国时期；④晚期。几何学、测量学、天文学、历法、数学、医学、美术、文学都具有非常高的水平。有着极强的宗教迷信，认为现实世界是短暂的，人的灵魂是永生的，法老是神的代言人。代表城市为孟菲斯、卡洪、底比斯、阿玛纳。

古埃及主要城市的景观特点体现在以下几个方面：

①道路采用棋盘式。

②按功能分划城市区域。

③大量使用对称、对比、序列等建筑手法。

④注重因地制宜。

⑤采用中轴线。

（二）两河流域及波斯的城市景观

该地区位于两河流域的南部，下游为巴比伦，上游为亚述，气候干燥，上游积雪溶化后形成定期的泛滥，土地肥沃。公元前4000年，苏马连人和阿卡德人建立国家。公元前19世纪，古巴比伦统一两河流域，公元前7世纪新巴比伦建立。公元前6世纪波斯帝国建立。公元前4世纪马其顿帝国建立。在科学上有伟大的成就，反映在天文学和数学方面，建筑方面也取得了很大的进步，美学方面出现了大量精美的浮雕壁画。信仰多种宗教，崇拜国王及天体结合，波斯信奉拜火教。代表城市有乌

① 在功能上，注重对自然资源的合理使用、街道与建筑合理排列及城市依功能的需要而划分区域、建筑的采光与排水系统的完善，并增强了原有军事防御系统等。在风格上，这些文明古国在依据美学与功能的基础上，融合了各自对人文、历史、风俗、地域、政治、经济、军事等各方面因素的理解，创作出了极具各自文化特色的城市景观。

尔城、巴比伦、新巴比伦、尼尼微、科萨巴德爱、克巴塔纳、帕赛波里斯。

两河流域及波斯主要城市的景观特点体现在以下几个方面：

①为避免水患及潮湿，一般把建筑建在土台之上。

②注重军事防御，城墙高厚，大多分外城与内城。

③主干道宽直，城中小巷曲折狭窄。

④城市规划整齐，路径明确。

⑤新巴比伦的空中花园，被称为“世界七大奇迹”之一。

（三）古希腊城市景观

古希腊属于亚热带气候，适宜户外生活，多山脉，大海成为主要的交通要道，小亚细亚、地中海沿岸以及黑海沿岸都是古希腊的活动范围。历经 4 个时期：①荷马时期；②古风时期；③古典时期；④希腊化时期。其文化特点体现在民众自由组织体育竞技、诗歌音乐会及演讲活动，推动全民的文化和体育素养的提高。古希腊信奉多神教，崇拜神的同时也承认人的伟大，相信人的智慧和力量，每个行业都有自己的守护神，强调人神同体。代表城市有雅典、斯巴达、亚各斯、科林斯。

古希腊主要城市景观特点体现在以下几个方面：

①城市背山面海，布局缺少规划，无主轴线。

②广场大多无定形，广场是公众集聚中心，具有司法、行政、商业、工业、宗教、文娱等功能。

③街道曲折狭窄，结合地势自发形成。

④建筑类型丰富，善于利用地势修建。

⑤强调平等，促使公共空间产生。

⑥民众的住房进行网格状划分。

（四）古罗马城市景观

古罗马地跨欧亚非三大洲，东起小亚细亚和叙利亚，西到西班牙和不列颠，北面包括高卢，南面包括埃及和北非。古罗马历经三个时期：①伊达拉里亚时期；②罗马共和国时期；③罗马帝国时期。古罗马有着卓越的营造技术，把埃及、腓尼基、希腊的文化相结合。崇尚城邦爱国主义精神以及宗教上的神人同形思想，后期崇尚天主教及基督教。代表城市有罗马、庞贝城、提姆加德、兰培西斯、阿奥斯达。

古罗马主要城市的景观特点体现在以下几个方面：

①具有先进的建筑技术。

②城市具有上水道、下水道和渗水池等公共设施。

③罗马帝国时期，有宽大的道路，两侧有人行道，人行道上有供人遮阳的柱廊。

④在桥梁、城镇、输水方面有突出贡献。

⑤广场众多，形成广场群，气势辉煌开阔而富有秩序。

⑥建造大量供消遣的场所，如跑马场、斗兽场、浴场等。

⑦帝国晚期罗马公寓向高处发展，但质量总体较差。

图 5–31　古罗马庞贝遗址

二、文艺复兴时期的景观设计

（一）景观设计发展

文艺复兴时期，中世纪的城市结构已无法适应新的生活要求，城市需要进行大面积的改建，具有反封建、反宗教的思想成为设计的主导。设计师在改建过程中，摆脱了中世纪城市建筑以“宗教”为中心的束缚，更多地强调把一些具有世俗性的因素渗入城市景观当中，以“人”作为设计的核心。这一时期改建的城市非常多，如佛罗伦萨、佛拉拉、威尼斯等。

在园林建设方面，古罗马的园艺方面的经验和成果，成为设计师效仿的对象。建筑师阿尔伯蒂在他的著作《论建筑》一书中，对于园林进行了大量详尽的论述，他主张别墅建筑和园林相互融合，大自然要从属于人的设计理念。在他的主张推动下，一些贵族、富绅在建造别墅的同时，也把园林纳入了生活区域的范畴，这大大地推动了园艺学的发展。在文艺复兴时期，著名的园林非常多，布局大多依山而建，喷泉、潭池、雕像、叠瀑、水扶梯等形式的运用，已非常成熟。草坪、树木、凉亭、植物、绿廊、迷园、鱼池等手法也广为采用，这个时期较为著名的园林有佛罗伦萨的波波里庄园（图 5-32），吉奥斯迪庄园（图 5-33），以及维兰德里庄园（图 5-34）。

图 5-32　佛罗伦萨的波波里庄园

图 5-33　吉奥斯迪庄园

图 5-34　维兰德里庄园

（二）景观设计理论

在景观设计理论方面，阿尔伯蒂继承了古罗马的维特·鲁威“理想城”的理论，总结了古代各个时期的建筑经验和设计方案，对选址、布局、形状等都作出了精辟的见解。他主张在城市选址及造型过程中，应把环境因素放在重要的位置进行考虑（如地形、土壤、气候、光线等）。他的这一理论是非常前卫的，但由于当时的社会政治经济还没有为“理想城”的推广提供足够的条件，大量合理的设计方案被放置，“理想城”成为一种无法实施的幻想中的理论，但阿尔伯蒂的“理想城”理念影响是深远的。这种思想在整个欧洲传播开来，推动了大批景观论著的产生，人类关于城市景观的总体设计理念从而产生。

三、巴洛克时期的景观设计

17 世纪的“巴洛克”风格随之而产生，巴洛克原意为畸形的珍珠，这带有“贬义”的称谓体现了这种艺术风格的缺陷——拙劣、虚伪、矫揉造作。

巴洛克时期景观设计的风格主要有以下几个特征。

（1）追求新奇，标新立异。设计师为了追求新奇的效果，往往打破绘画、建筑、雕刻的界限，采取非常理的组合，强调动感和透视，使之出现空间倒错或体现运动感所产生的戏剧效果（见图 5-35）。

图 5-35　圣约翰尼斯·尼波姆克教堂

（2）追求豪华雕饰。一些贵重材质被大量采用，体现出珠光宝气般的豪华（见图 5-36）。

图 5-36　瓜里尼设计的巴洛克建筑内部

（3）趋向自然。设计师在城市中设计了大量敞开的广场和建筑，郊外兴建起大量的园林、别墅，自然的题材为设计广为采用。

“巴洛克”艺术，在风格和题材上敢于创造新的事物，独辟蹊径。但它的风格又太过奇诞，在追求豪华欢乐的同时，对财富又过于卖弄，而显得俗气、琐碎。可以看出巴洛克的艺术风格中充满了矛盾，这也是17世纪的社会缩影。

四、近代城市景观设计

这个时期在景观设计上，具有代表性的是法国与英国的城市建设及园林设计。

（一）法国城市及园林景观设计

17世纪末，法国的君主集权达到了极盛时期，其城市建设方面，古典主义成为文化艺术的主流。法国的早期古典主义的建筑理论，师承16世纪意大利的理论。因此，维持鲁威和其他意大利的理论便变成了唯一的准则。由于对古罗马的极端崇拜，在这个时期柱式构图成为区分建筑与城市景观成功与否的标准，这也迎合了法国君权统治的政治需要。在建筑创作中，颂扬至高无上的君主，成为越来越突出的主题，宫殿、广场、纪念碑，无不如此。[①]

古典主义时期的景观设计，强调构图对称，中轴线突出，主次关系明确。在思想上，倡导理性思维，要体现建筑的真实美，反对艺术创作中的想象，反对表达个人的设计情感。古典主义设计的代表作主要集中在巴黎，如鲁佛尔宫、凡尔赛宫（图5-37）、旺道姆广场等。

① 在古典主义风格摆脱意大利的影响逐渐走向成熟的过程中，以培根、霍布士为代表的“唯物主义经验论”和以笛卡儿为代表的“唯物论”在当时产生了极大的影响。笛卡儿认为，应当制定一些固定的、系统的、牢靠的艺术标准，适用于一切有关艺术的领域。笛卡儿的思想是理性的，古典主义也正是遵循着这种哲学理念而发展下去，形成了自己的系统理论。

图 5-37　法国凡尔赛宫

18 世纪末，法国爆发了资产阶级革命，这场革命所引发的是城市功能的改变，由皇帝、贵族、教皇作为城市统治者和策划者的历史不复存在，贫苦的手工业工人和第三等级的民众成为这次城市改建的最大受益者。这个时期流行古罗马与古希腊的简约、朴实、典雅的艺术风格。

19 世纪初，拿破仑重新建立帝制。在拿破仑和拿破仑第三统治时期，城市建设主要体现在对帝王的歌颂和适应资本主义经济发展方面。1799 年至 1870 年这段时期里，大量带有纪念性的纪念柱、纪念碑和纪念建筑开始涌现，其中最为壮观的建筑是练兵场凯旋门和雄师凯旋门。同时，对法国旧城的大规模改建也在进行中，见图 5-38 拿破仑凯旋门和图 5-39 巴黎旺多姆广场纪念柱。

图 5-38　拿破仑凯旋门

图 5-39　巴黎旺多姆广场纪念柱

在园林景观方面，17 世纪的法国深受意大利文艺复兴思想的影响。这个时期的许多庭园设计，大都还是意大利风格的延续。但法国的部分地区是平原，一些意大利的庭园设计并不适合于法国的地形特点，于是在融合意大利造园思想和法国本土特性的过程中，一种新型园林风格出现了，比较具有代表性的是韦贡特庄园和巴黎的凡尔赛宫。韦贡特庄园是当时法国园林景观中杰出的代表，整个园林在制作与设计方面，体现了设计者精益求精的设计风格，在植物修剪、花坛布局、步道安排、水池和喷泉的运用上都流露出与众不同的设计理念，设计师勒·诺特的设计才华在这座园林中充分地体现了出来，见图 5-40 和图 5-41。

图 5-40　韦贡特庄园（1）

图 5-41　韦贡特庄园（2）

这位被誉为“园丁的国王”的设计师，又主持了巴黎凡尔赛庭园设计，在设计及修建过程中，勒·诺特有意地突出平面上三角形和十字形水渠，形成了轴对称的布局，在轴线两侧布置了草地、树木、喷泉等，使整个园林景观产生了深远的透视。凡尔赛宫于1685年建成，法国国王为了建造这座工程浩大的宫殿与花园，动用了大量的人力和财力，这座耗资巨大的宫殿园林是法国17~18世纪艺术与技术成就最杰出的代表，见图5-42。

图5-42　凡尔赛宫阿波罗水池喷泉

（二）英国的园林景观设计

1. 英国庭园风格的产生

在园林方面，18世纪由英国造园学院发起了园林设计革命，形成了自由、浪漫、自然、优美的庭园特色。促使英国庭园风格产生的因素有很多，主要集中在以下三个方面：

（1）英国政治、经济、文化的快速发展，对园林景观起到了直接的促进作用。

（2）英国的自然条件（如环境、气候等因素）也起到了根本的作用。

（3）追求精神上的浪漫趣味和对自然式风景的向往，也加速了英国从古典向浪漫的快速转变。这时，带有专制形式的法国园林已不能满足具有民主思想的英国人的要求了。在这几种因素的促使下，一种追求浪漫、崇尚自然的园林风格出现了。

2. 英国园林的审美情趣

17~18世纪的英国园林体现了一种新的审美情趣，它具有自然、隐藏、富有变化、强调优美曲线的特征。这个时期具有代表性的人物有布里奇曼、肯特和布朗等，其中布朗对这个时期的造园贡献最为突出，见图 5-43。

图 5-43 布朗设计的伯利园

他非常注重景观中曲线的运用，并在设计中加以强化，同时，他还把景观设计转变为理性的调控，他在很多方面体现出的一种完善和改进的能力，为他赢得了“能人布朗”的美誉。但他缺乏丰富性的改造受到了众多景观设计师的质疑。以瑞普顿和鲁顿为首的设计师在对布朗批评的同时，提出了以园艺手法解决园林问题及“如画”风格的使用等观点，见图 5-44 和图 5-45。

图 5-44 迷宫——英国园林的局部

图 5-45 斯托海德园

3. 中国和英国园林风格的交流

18 世纪中叶，中国传统的造园理念和哥特式风格在英国开始流行起来。英国景观设计师在浪漫主义情趣的引导下，更加注重怪诞与戏剧性的风格，这种多流派相互掺杂的庭园设计成为英国 18 世纪以后最流行的设计风格。

五、现代城市景观设计

（一）英国现代景观设计

英国现代景观设计抛弃了轴线、对称等几何形状和对称布局，取而代之的是自然的树丛、曲折的湖岸。其造园手法更加自由灵活，总体风格自然疏朗、色彩明快、富有浪漫情趣。建筑是英国现代景观中重要的构成元素和构景要素。水是经常被应用的元素，见图 5-46 至图 5-49。

图 5-46　伦敦泰晤士河滨水景观

图 5-47　剑桥植物园

图 5-48　英国伊甸园

图 5-49　英国乡村景观

（二）美国现代景观设计

美国景观设计体现自由的天性，充分体现自由的天地。美国先民开拓一片新世界，他们在这片广阔的天地间获得最大的自由与释放。他们受原始的自然神秘、纯真、朴实、活力的影响，景观设计理念充满自由奔放的天性。充分体现对自然的尊重和崇尚，见图 5-50 至图 5-53。

图 5-50　芝加哥植物园

图 5-51　华盛顿纪念堂

图 5-52　大雾山国家公园

图 5-53　纽约中央公园

（三）日本现代景观设计

日本园林设计中“伤春感秋情绪严重”。树木、岩石、天空、土地等寥寥数笔即蕴含着极深寓意，在人们眼里它们就是海洋、山脉、岛屿、瀑布，一沙一世界，这样的园林无异于一种“精神园林”。这种园林发展臻于极致——乔木、灌木、小桥、岛屿甚至园林不可缺少的水体等造园惯用要素均被一一剔除，仅留下岩石、耙制的沙砾和自然生长于荫蔽处的一块块苔地，这便是典型的、流行至今的日本枯山水庭园的主要构成要素。而这种枯山水庭园对人精神的震撼力也是惊人的，见图 5-54 和图 5-55。

日本现代景观设计在继承传统文化的基础上，大胆创新，在世界一体化的进程中不断寻找与现代工艺相融合的发展形势，逐步形成极具现代感与日本民族特色的现代景观，见图 5-56 和图 5-57。

图 5-54　龙安寺枯水庭园（1）

图 5-55　龙安寺枯水庭园（2）

图 5-56　昭和国立纪念公园（1）

图 5-57　昭和国立纪念公园（2）

（四）韩国现代景观设计

韩国的建筑与景观空间自然巧妙地衔接，令人印象深刻，这也是韩国与亚洲其他国家景观空间区别较大之处。同时，韩国景观设计已经逐步脱离与中国古典园林的相似或对日本的模仿，融入了很多欧美现代景观元素，正在形成自己独特的风格，见图 5-58 至图 5-61。

图 5-58　首尔清溪川广场

图 5-59　西首尔溪水公园

图 5-60　海云台 I’PARK 休闲景观

图 5-61　首尔 LG 科技园景观

第六章　各类景观设计专项实践

景观设计的原理，最终要落实到具体的、专项的实践中去，如居住区的景观设计、道路景观设计、公园景观设计和广场景观设计。

第一节　居住区景观设计

一、居住区住宅的类别划分与布局

（一）居住区住宅的类别划分

居住区建筑在居住环境中占有相当重要的地位，它通常由住宅建筑和公共建筑两大类构成。其中，住宅在整个住宅区建筑中占据主要比例。

居住区中常见住宅一般可分为低层住宅（1~3 层）、多层住宅（4~6 层）、中高层住宅（7~9 层）和高层住宅（9 层以上），这里主要介绍低层、多层和高层住宅。

1. 低层住宅

低层住宅又可分为独立式、并列式和联列式三种。目前城市用地中，以开发多层、中高层、高层住宅为主，低层住宅常以别墅形式出现，如一块独立的住宅基地则可建成比较高档的低层住宅。

2. 多层住宅

多层住宅用地较低层住宅节省，是中小城市和经济相对不发达地区中大量建造的住宅类型。多层住宅的垂直交通一般为公共楼梯，有时还需设置公共走道解决水平交通。从平面类型看，有梯间式、走廊式和点式之区分。

3. 高层住宅

高层住宅垂直交通以电梯为主、楼梯为辅，因其住户较多，而占地相对减少，符合节约土地的国策。尤其在北京、上海、广州、深圳等特大城市，土地昂贵，发展高层乃至超高层是迫不得已的事情。在规划设计中，高层住宅往往占据城市中优良的地段，组团内部、地下层作为停车场，一层作架空处理，扩大地面绿化或活动场地，临街底层常扩大为裙房，作商业用途。从平面类型看，有组合单元式、走廊式和独立单元式（又称点式、塔式）之区别。

（二）居住区的布局

居住区的布局通常考虑地理位置、光照、通风、周边环境等因素，因地制宜，这也使得居住区的整体面貌呈现出多种风格。

1. 片块式布局

片块式布局的住宅建筑在形态、朝向、尺寸方面具备较多的相同因素，不强调主次关系，建筑物之间的间距也相对统一，住宅区位置的选择一般较为开阔，整体成块成片，较为集中（图6-1）。

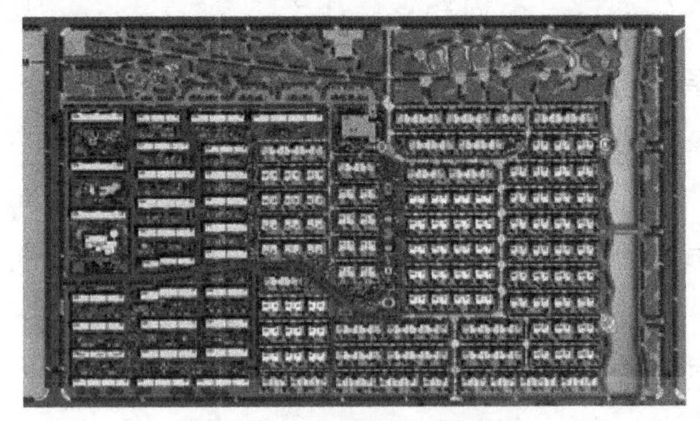

图 6–1　片块式小区布局

2. 向心式布局

向心式布局，顾名思义，指的是住宅区建筑物围绕着占主导地位的要素组合排列，区域内有一个很明显的中心地带（图6-2）。

图 6-2 向心式小区布局

3. 集约式布局

集约式布局是将居民住宅和公共配套设施集中紧凑布置，同时开发地下空间，利用科技使地上地下空间垂直贯通，室内外空间渗透延伸，形成一种居住生活功能完善，同时又节省建筑空间集约式整体模式（图 6-3）。

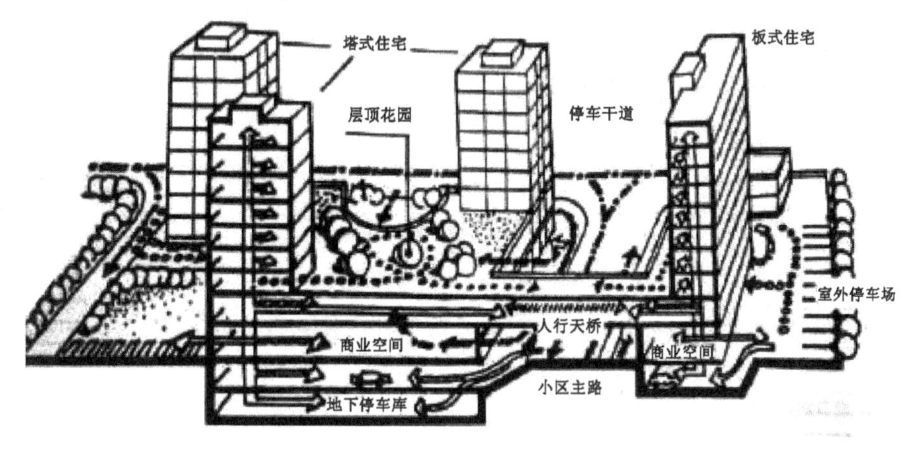

图 6-3 集约式小区布局图示

4. 轴线式布局

空间轴线具有极强的聚集性和导向性，通常以线性道路、绿带以及水体构成，住宅区沿轴线布局，或对称，或均衡，起到了支配全局的作用（图 6-4）。

图 6-4　轴线式小区布局

5. 自由式布局

自由式布局没有明显的组合痕迹，建筑物与各种设施之间的排放较为自由，形态变化较多，与中国传统园林的构园模式有些许相似之处，体现出一种生动自然的状态。但在实际生活中，为了方便居民生活，这种自由式布局采用的情况相对较少。

二、居住区绿地景观设计

城市居住区的绿地是指居住小区或住宅区范围内，住宅建筑、公建设施和道路用地以外用于布局绿化、园林建筑及小品，从而提高居民居住的生活质量。住宅区环境的绿地规划构成了城市整个绿地系统点、线、面上绿化的主要组成部分，是最接近居民的最为普遍的绿地形态。

（一）绿地景观的功能

居住区绿地的景观与居民的生活密切相关，住宅区绿地的功能能否满足人们日益增长的物质、文化生活的需求，遂成为当今城市居住用地规划所需解决的首要问题。因此，住宅区绿地的功能可以大致概括为“使用功能、景观功能、生态功能、文化功能”四个方面：

1. 使用功能

居住区绿地具有突出的实用价值，它是形成住宅区建筑通风、日照、防护距离的环境基础，特别是在地震、火灾等非常时期，有疏散人流和避难保护的作用。住宅区绿地有极高的使用效率，户外生活作为居民必不可少的居住生活组成部分，凭借宅前宅后的绿地、组团绿地或中心花园，可以充分自由地开展丰富多彩的绿地休闲、游园观赏活动，有利于人们的康体健身。

2. 景观功能

居住区的绿化除了美化环境，还可以遮盖不雅观的环境物，以绿色景观协调整体社区环境。因此，住宅区绿地是形成视觉景观空间的环境基础。

3. 生态功能

在炎夏静风状态下，绿地能促进由辐射温差产生的微风环流的形成。这是因为绿地能有效地改善住宅区建筑环境的小气候。[①] 因此，住宅区的绿地在设计时，主体可以选用植物，它们可以相对地起到净化空气、吸收尘埃、降低噪声的作用。

4. 文化功能

居住区的绿地景观，要以创建文明社区的基本标准为主，还要求具有配套的文化设施和一定的文化品位。一个温馨的家园不仅是视觉意义上的园林绿化，还必须结合绿地上的文化景观设施来统一评价。这种绿化与文化设施（如园林建筑、雕塑、水景、小品等）共同形成的复合型空间，有利于居民增进彼此间的了解和友谊，有利于教育孩子、启迪心灵，有利于大家充分享受健康和谐、积极向上的社区文化生活。

---

① 其范围包括遮阳降温、防止西晒、调节气温、降低风速等。

（二）居住区绿地景观设计的原则

居住区绿地景观设计时，首先必须分析居住区使用者数量、年龄、经济收入、文化程度和喜好等。不同阶层的使用者对居住小区景观规划设计的需求也会有明显的差别，主要体现在以下几方面。

1. 准确定位

在进行景观规划设计时，首先必须考虑用地规模和地价等土地适用性评价。其次确定服务对象，有针对性地来设计居住小区景观。

2. 周边环境资源的利用和再开发

居住区周边环境包括地理交通、历史渊源、文化内涵和自然生态环境等。建筑是居住环境的主体元素，它能实现理想居住小区的群体空间。居住区的景观在设计时，可以借用多种造景手段[①]，如将居住区周围的自然、人文景观等融入居住区的景观序列中，从而创造出居住区宜人的自然山水景观。

3. 可持续发展原则

受不同形态基地内的原有地形地貌的影响，在对居住区景观环境进行设计时，首先应在尊重原有自然地形地貌条件下，实现“可持续发展”的思想，从而与维护和保持基地原有自然生态平衡的基础上进行布局设计。

4. 居住区景观的渗透与融合

在整体设计中，应遵循城市大景观与居住区小景观相互协调的原则。例如，将小区的景观设计作为对城市景观设计的延伸和过渡，可以使人们从进入居住区到走入居室，始终置身于愉悦身心的生态环境中。此外，还可以通过合理运用园林植物将园林小品、建筑物、园路充分融合，体现园林景观与生活、

① 设计必须结合周边环境资源，借势、造势，形成别具一格的景观文化。

文化的有机联系，并在空间组织上达到“步移景异”的效果。

（三）居住区绿地景观设计的要求

居住区绿地景观设计应以宅旁绿地为基础，公共绿地为核心，道路绿地为网络，公共设施绿地为辅，使小区绿地自成系统，并与城市绿地系统相协调。居住小区规划设计规范规定新区建设绿地率不应低于30%；旧区改建不宜低于25%；各绿地的入口、通路、设施的地面应平缓、防滑，有高差时应设轮椅坡道和扶手；绿化要求做到尽量运用植物的自然因素，使得保持居住小区四季都有生机。

（四）居住区植物的配置与选择

居住区植物的配置选取，需要充分考虑绿化对生态环境的作用和各种植物的组织搭配产生的观赏功能，同时还要因地制宜，选取符合植物生长习性的品种，以科学的方案构建出和谐的园林之美。

1.居住区植物的配置原则

（1）层次性和群体性原则

居住区的绿化要重视植物的观赏功能，植物配置要有层次性和群体性的特征。具体来讲，应该将乔木与灌木相结合，将常绿植物与落叶植物相结合，将速生植物与慢生植物相结合，并适当点缀一些花卉、草坪，从空间上形成错落有致的搭配，时间上体现出季相和年代的变化，从而创造出丰富优美的居住环境。

（2）符合植物的生长习性的原则

在一定的地区范围内都有符合当地生态气候的植物和树种，居住区内植物的选择要符合它们的生长习性，否则会产生“橘生淮南则为橘，生于淮北则为枳”的不良后果。选择符合该地区生长习性的植物种类才能在日后的生长过程中产生良好的生态与观赏效益，同时也便于集中管理。

（3）多种栽植方法的原则

各种植物的栽植，除了在小区主干道等特定区域要求以行列式栽植以外，通常会采用孤植、丛植、对植相结合的方式，创造出多种景观构造。植物选取的种类不宜过多，但尽量不采取雷同的配置，应该保证其形态上的多样化和整体上的统一性。

（4）提高绿地生态效益的原则

居住区环境质量的提高很大程度上归功于绿色植物产生的生态功能，绿色植物能有效降低噪声污染、净化空气、吸滞烟尘。绿化过程中，在保证植物观赏功能的基础上，应侧重其生态环境方面的作用。一般通过对植物种类的选取和植物的组合配置能产生较好的生态环境效益（图 6-5）。

图 6–5 居住区的植物配置

2. 居住区植物的选择

（1）乡土树种为主

人们通常将一个地区内较为常见、分布广泛、生命力顽强的树木称为乡土树种，它们的成活率很高，在比较长的历史时期内都能健康生长。居住区树种的选择通常以这种“适地适树”的乡土树种为主，既降低了栽植的难度，还能节省运输成本、便于管理。同时，也应该积极引进经过驯化的外来植物种类，以弥补乡土植物的不足。

（2）以乔、灌木为主

乔木和灌木是城市园林绿化的主体植物种类，给人以高大雄伟、浑厚蓊郁的感受。居住区植物的选取同样以乔、灌木为主，同时以各种花卉和草本进行点缀、地表铺设草坪，它们的合理搭配能形成色彩丰富，季相多变的整体植物群落，能产生很好的生态环境效益。

（3）耐阴和攀缘植物

由于居住区内建筑较多，会形成许多光照较少的阴面，这些区域内应选择种植一些耐阴凉的植物，如玉簪、珍珠梅、垂丝海棠等都是其中的代表。另外，攀缘植物在居住区绿化中也有十分广泛地应用，在一些花架和墙壁上，通常会种植常春藤、爬山虎（图 6-6）、凌霄等攀缘植物。

图 6-6　居住小区墙面的爬山虎

（4）兼顾经济价值

居住区绿化应首先考虑植物的生态功能和观赏功能，有便利条件的地区还可以在庭院内种植一些管理比较方便的果树、药材等，在收获的季节不仅丰富了小区的景观，还能产生一定的经济效益。

三、居住区道路及铺地景观设计

居住区道路按功能需求分为：一是小区级路，即采用人车混行方式，其路面宽度一般为 6 ～ 9 米。二是组团级路，即接小区路、下连宅间小路的道路，一般以通行自行车和人行为主，路面宽度一般为 3 ～ 5 米。三是宅间小路，即住宅建筑之间连接各住宅入口的道路，主要供人行，路面宽度不宜小于 2.5 米。

小区的游步道的设置宜曲不宜直，宜窄不宜宽，要考虑到道路本身的美感，如材质的不同质感和肌理对居民的审美感受。同时要严禁机动车辆通行，保证居民走在其中安全、放松、舒适。[①]

居住小区铺地主要是车行道、人行道、场地和一些小径，除满足舒适性、方便性、可识别性等需求外，还要创造具有美感的铺装效果。例如，小区行车道路铺地材料一般主要以沥青或水泥为主。而绿地内的道路和铺装场地一般采用透水、透气性铺装，栽植树木的铺装场地必须采用透水、透气性铺装材料。

四、居住区标志性景观及设施设计

每一个住宅小区都有自己的标志性景观形象，它反映了一个小区的设计理念和文化。标志性景观形象其外观形态有多种表现形式，常见的有雕塑形象、建筑壁画等。另外，居住小区一般都会有娱乐设施，它包括成人健身、娱乐设施和儿童娱乐设施等。娱乐设施要与住宅区间隔 10 米以上，防止噪声，特别是儿童娱乐设施，要建造在阳光充足的地方，有可能的话尽量设置在相对独立的空间中。

亭、花架的设计。亭、花架既有功能要求又具有点缀、装饰和美化作用，最主要起到供人们休憩的作用。例如，传统的亭、花架建筑材料以竹、石、砖瓦等为主要建材，见图 6-7，并配以特有的装饰色彩。花架能分隔空间、连接局部景物，攀缘蔓类植物再攀附其上，既可遮阴休息，又可点缀园景。

---

① 小区道路转弯处半径 15 米内要保证视线通透，种植灌木时高度应小于 0.6 米，其枝叶不应伸入路面空间内。人行步道全部铺装时所留树池，内径不应小于 1.2 米 ×1.2 米。

图 6-7　园林小品

入口是小区的门面，直接反映出小区的档次。入口的表现形式多种多样，风格大体分为中式、欧式、现代式、田园式等，材料以各种建材和金属为主。

照明是小区设计的重要景观构成要素之一，它在满足照明的功能基础上，还能起到衬托景观的作用。所以在照明设计上，要充分利用高位照明和低位照明相互补充，路灯、泛光灯、草坪灯、庭院灯、地灯等相互结合，营造富有目的和氛围的灯光环境。

标识牌、书报栏是小区信息服务的重要组成部分，也是体现小区文化氛围的窗口（图 6-8）。

图 6-8　小区内的信息牌

此外，小区中一般都设有标牌，其目的是引导人们正确识别线路，尽快到达目的地，为居民带来舒适和便利。标识牌可以笼统地分为六大类：定位类、信息类（图 6-8）、导向类、识别类、管制类和装饰类。标识牌的指示内容应尽可能采用图示表示，说明文字应按国际通用语言和地方语言双语表达。

五、居住区的水景设计

小区中水景设计主要表现方式有喷泉（图 6-9）、溪流、池水、叠水等。水景设计时，要充分考虑儿童的活动范围及安全性。因此，设计时既要符合儿童喜欢戏水的天性，又要适于他们的尺度。例如，水位稳定的池塘，石面要比水面高出 10 ～ 20 厘米，这样使得安全上可靠，而且夏天儿童还能在水中嬉戏。需要注意的是，水中的石块或水泥制品放置于水中时一定要稳固。

图 6-9　小区喷泉

第二节　道路景观设计

一、道路景观的构成

道路景观设计主要由路面、边界、节点和道路两边的景物所构成。

（一）路面

道路路面是构成道路空间的二维平面，是形成道路景观的主体。路面的铺装方式主要有整体式铺装和块材式铺装两种方式。车行的道路采取沥青材料的柔性路面或混凝土的刚性路面；老城区特别是历史文化街区大都保留或沿用了石材路面，如图6-10所示；人行的路面则多采取块材式铺装，材料的选取、铺装设计和细节处理等主要考虑行人的尺度、安全性、舒适性和美观性。

图6-10　英国一文化城市路面

（二）道路边界

边界可以理解为不同空间之间的交接线。道路边界是道路与建筑及构筑物、广场、公园、山体、水体、农田、森林、草地等相交接后形成的线状景观带。

城市的道路边界是实体性质的，主要由建筑及构筑物构成，所以临街建筑的立面风格、尺度、材质、色彩、细部处理，以及建筑立面的连续性共同构成道路的立面特征，建筑实体性的立面与道路路面一起构成“管状”的三维道路空间（图6-10）。

城市以外的道路边界可以是断断续续出现的小体量建筑或构筑物，更多时候是山体、水体、农田、森林、草地等自然元素，且向远方无限伸展，所以道路边界景观是多层次的，并具有无限景深，这时道路基本表现为二维空间特征，见图 6-11。

图 6-11　城市以外的道路边界

（三）道路节点

各类道路交叉口、交通路线上的转折点、建筑后退空间、具有空间特征的视觉焦点（如广场、绿地），在道路景观系统中作为主要控制点和转折点，构成了道路的特征性景观节点。这些景观节点具有变化丰富的空间形态，是外部空间系统中的精彩所在。

（四）道路景观区域

道路景观区域是由道路两边不同景观层次所构成的具有背景特征的空间场所。一条道路可以具有特征不同的背景性景观区域，如远景、中景、近景区域。

1. 远景区域

远景区域主要由山体、森林、农田、河流、湖海、云、天等自然元素，以及村落、高楼、城墙、塔、城市轮廓线等人工要素构成。远景越丰富，道路的景观层次越多，景观质量越高。

2. 近景区域

近景区域由建筑、构筑物、路面、设施、种植、车辆、人流、店面招牌等构成，景观特征表现在建筑风格、规模、质感、色彩、植物、边界轮廓线的连续性等方面。近景处理宜简洁、规律，有一定的丰富性，并注意细节的处理。近景过于纷繁杂乱，则会干扰行车者和行人的视线，影响其情绪。

二、道路景观的特征

道路景观属于线性景观，设计时应把握道路的方向性、连续性和动态性特征。

（一）方向性特征

道路的功能同时决定了道路景观必须有明显的方向性。在复杂的城市系统中，道路的方向感有助于司机和行人进行距离判断和区位定位，而在道路节点或在路侧设置醒目的诸如建筑物、构筑物、雕塑或广场绿地等标志性景观元素作为标志物，则有助于方向感的产生并进行正确的方位判别，如图 6-12 所示的日本街景。

图 6-12　日本街景

在自然景观中的道路则强调不同的效果，通过曲折迂回的园路、突然转换的场景来加强景观布局的丰富性，满足游人对景观高潮的预期和渴望，如图 6-13 所示的英国利物浦伯肯海德公园的道路。

图 6-13　英国利物浦伯肯海德公园的道路

（二）连续性特征

道路的功能决定了道路景观的线性属性，“线性元素”构成了道路景观中最主要的部分，并使道路景观保持连续性。道路的连续性通过两侧的建筑立面和围墙、统一的绿化形式、连续的天际线和空间特征等得到体现；道路基面、路沿石、交通护栏、行道树及绿化分隔带等共同强化了道路的线性特征，保证了道路的连续性，如图 6-14 所示。

图 6-14　道路的连续性

（三）动态性特征

道路景观本身是静态的，但对其体验一般通过运动过程来完成，因此，道路景观具有流动性和运动感，是一种动态性景观。

道路景观的体验方式主要有步行和车行两类，人在这两种运动状态下的感受是不同的。在步行运动状态下，人对于质感、细部处理、线条处理是比较敏感的。景观设计重点应放在对“形”的刻画与处理上，如建筑风格和立面细部处理、植物的配置和造型、街道设施的设计、地面铺装等。

在车行的运动状态下尤其可以强化道路景观的动态感，此时人的视觉感知产生如下变化：“视线聚焦远方；视野缩小；视觉迟钝；前景细部变模糊”。人们关注的是大尺度大体量的景物，景观设计重点应放在对“势”的营造上，需要强调的是两侧建筑群、种植的整体关系和外轮廓线，以适应快速运动时，的视觉要求，如图6-15快速运动拍摄下的道路动态景观视觉效果。

图 6-15　快速运动拍摄下的道路动态景观视觉效果

三、道路线形设计

道路线形主要指路面的平面线形，既包括机动车专用道路、人车混行道路，也包括人行为主的园路、步行街等。根据道路的不同功能要求，道路线形有直线、曲线、折线等，竖向方面有上坡、下坡，要根据不同的道路线形采取有针对性的景观设计方法。

（一）直线形道路设计

道路设计首先必须满足快速便捷的交通功能要求，其方法往往是截弯取直。交通型道路采取直线形，其特点是视线较好、方向感强，利于高速、快捷、安全地行驶；城市景观大道采取直线形，可以增强方向感、景深感等，从而产生景观的序列感和秩序感。

（二）曲线形道路设计

随着在曲线形道路上的运动，运动视差使道路景观产生动态的视觉效果，从而表达了道路所具有的整体性景观序列特征，沿街景观沿道路依次展开如一系列的画卷，使人充满期待感并产生愉悦的体验。曲线形道路上可以适当设置视线引导性元素，如系列性的标志性建筑物、景观小品和行道树等，使人前进时感受丰富的景观变化；另外，如果道路立界面过于连续，则可以适当增加一些通透感，利用街边绿地、水面等自然景观元素介入，或引入自然地形变化，打破道路空间的过于封闭性，增加景观的丰富性，如图 6-16 所示英格兰贝克韦尔小镇的曲线形道路景观。

图 6-16　英格兰贝克韦尔小镇的曲线形道路景观

与曲线型道路相比，转弯半径较小的急转弯道或折线形道路，其视线较封闭，更易出现戏剧性场景变换。

四、道路节点设计

两条或两条以上城市道路交会形成城市道路节点，从交通的角度讲主要有平交和立交两种方式。平交口包括普通交叉路口（图6-17）和交通岛路口，交通岛路口一般采用环形（图6-18），也有结合城市功能采用其他形式的（图6-19）。

图6-17　普通交叉路口

图6-18　环形交通岛路口

图6-19　结合城市功能的交通岛路口

城市道路节点景观设计需要考虑不能有任何的建筑物和树木等遮挡司机视线，道路交叉口的植物应以耐修剪的低矮灌木、鲜花、草坪为主。此外，在重要交通岛路口进行景观设计时要考虑相应主题，并采取一定的形式突出主题。

立交道路节点即立交桥形式，立交桥梁在道路中不仅以其显著的交通功能备受关注，而且“以其巨大的体量急剧地改变着城市环境，深刻地影响着城市风貌”。应以宏伟或精巧的优美造型、合理完美的结构、艺术的桥面装饰、多变的色彩及栏杆造型成为道路景观的节点。在立体交叉范围内，由匝道与正线或匝道与匝道之间所围成的封闭区域，一般采用植物栽植来美化环境。但立交的绿化要特别注意其交通安全要求，为司机留出足够的视距空间，并注重对行车的引导性，同时从司机驾车心理出发配置相应的植物品种进行规划布局，见图 6-20 立交桥景观。

图 6-20　立交桥景观

五、道路绿化设计

（一）道路绿化设计的原则

城市街道绿化设计的原则体现在以下几个方面。

1. 均衡分布，比例合理

城市绿地应均衡分布，比例合理，满足全市居民生活、游憩需要，促进城市旅游发展。按照合理的服务半径和城市生态环境改善，均匀分布各级城市公园绿地，满足城市居民生活休息所需；结合城市街道和水系规划，形成带状绿地，把各类绿地联系起来，相互衔接，组成城市绿色网络。

2. 结合当地特色，因地制宜

在选用各类绿地时，应考虑当地的文化特色及文化内涵，充分利用原生态自然风貌特征、地理因素等，并根据规划指标进行合理规划。

3. 远近结合，合理引导城市绿化建设

考虑城市建设规模和发展规模，合理制定分期建设目标。需要注意的是，在制定分期建设目标时，要以城市绿地的自身发展规律与特征为参照因素，且后期制定的各类绿地发展速度不低于城市发展的要求，从而才能保持一定水平的绿地规模。

4. 分割城市组团

城市绿地系统的规划布局应结合城市组团的规划布局。理论上每 25 平方千米～ 50 平方千米，需建设 600 米～ 1000 米宽的组团分割带。同时需要注意组团分割带要科学地进行，不能破坏城市的保护地带。

（二）行道树设计

行道树是街道绿化中运用最为普遍的一种形式，对于遮蔽视线、消除污染具有相当重要的作用，所以几乎在所有的街道两旁都能见到其身影。

行道树及种植形式：在街道两侧的人行道旁以一定间距种植的遮阴乔木即为行道树。其种植方式有两种——树池式和种植带式。

1. 树池式设计

在行人较多或人行道狭窄的地段经常采用树池式行道树的种植（图 6-21）。树池可方可圆，其边长或直径不得小于 1.5 米，矩形树池的短边应大于 1.2 米，长宽比在 1 ∶ 2 左右。矩形及方形树池容易与建筑相协调，所以圆形树池常被用于街道的圆弧形拐弯处。

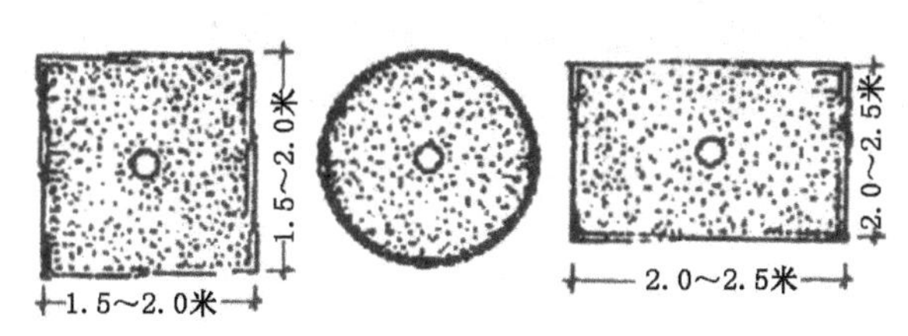

图 6-21　树池式种植示意图

行道树应栽种于树池的几何中心，这对于圆形树池尤为重要。方形或矩形树池允许一定的偏移，但要符合种植的技术要求，即树干距行车道一侧的边缘不得小于 0.5 米，离街道的道缘石不小于 1 米。

为防止行人进入树池，因践踏而引起树下泥土的板结，影响树木生长，可将树池四周作出高于人行道面 6 ～ 10 厘米的池边。但这也会使路面的雨水无法流入树池，因而对于不能经常为树木浇水或少雨的地方，则应将树池与人行道面做平，树池内的泥土略低，以便使雨水流入，同时也避免了树池内污水流出，弄脏路面（图 6-22）。必要时可以在树池上敷设留有一定孔洞的树池保护盖则更为理想（图 6-23）。

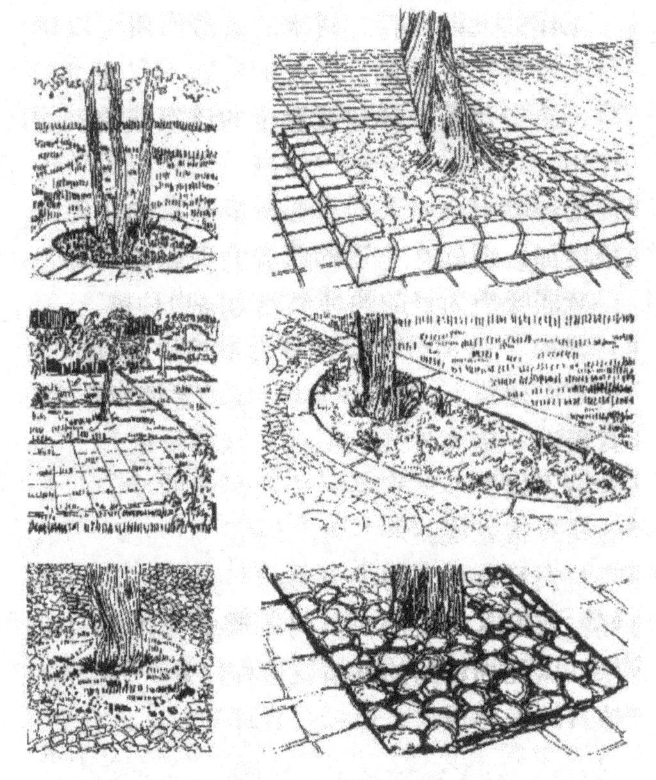

图 6-22　树池形式

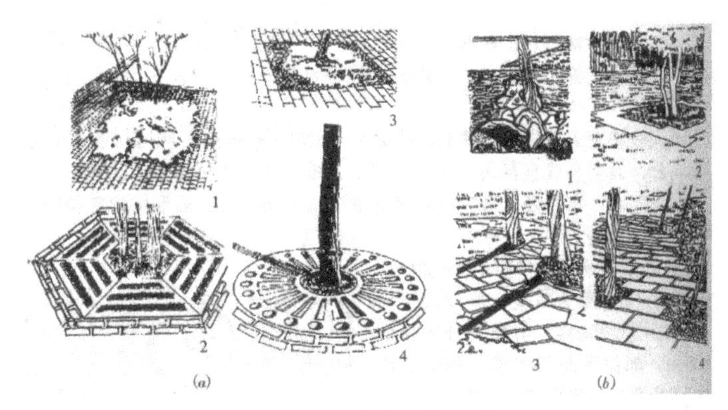

图 6-23　树池的保护

池盖通常由铸铁或预制混凝土做成，由几何图案构成透空的孔洞，既便于雨水的流入，又增进了美观。为方便清除树池中的杂草、垃圾，池盖常由两三扇拼合而成，下用支脚或搁架，这既保证了泥土不致为池盖压实，又能避免晒烫的池盖灼热池土而伤及树根。

由于树池面积有限，会影响水分及养分的供给，从而会导致树木生长不良。同时树与树之间增加的铺装不仅需要提高造价，而且利用效率也并不太高。所以在条件允许的情况下尽可能改用种植带式。

2. 种植带式

种植带一般是在人行道的外侧保留一条不加铺装的种植带（图 6-24）。为便于行人通行，在人行横道处以及人流较多的建筑入口处应予中断，或者以一定距离予以断开。

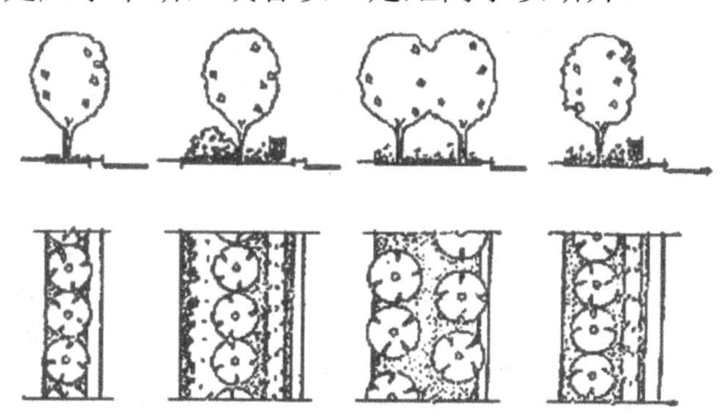

图 6-24　种植带的栽培示意图

有些城市的某些路段人行道设置较宽，除在车道两侧种植行道树外，还在人行道的纵向轴线上布置种植带，将人行道分为两半。内侧供附近居民和出入商店的顾客使用；外侧则为过往的行人及上下车的乘客服务（图 6-25）。

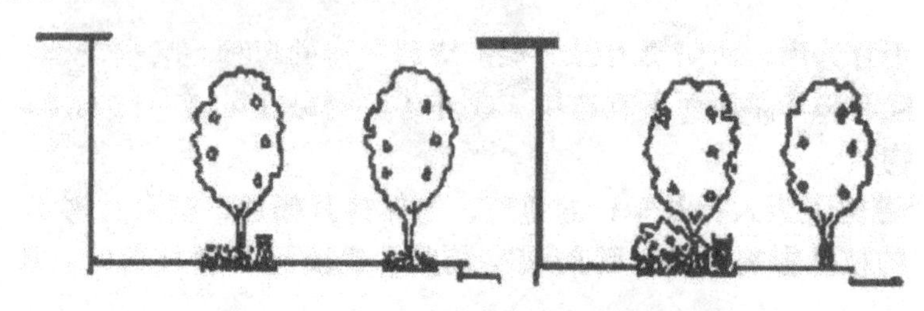

图 6-25　人行道上布置两条种植带

种植带内除选用高大乔木作为行道树外，其间还可栽种草皮、花卉、灌木、绿篱等。当种植带达到一定宽度时，可以设计成林荫小径。[①]

综合各方面的功能，种植带式绿化带都较树池式有利，而且对花木本身的生长也有好处。但是如果希望用种植带式完全取代树池式，可能还为时过早。

（三）交叉口绿化设计

城市街道的交叉口是车辆、行人集中交会的地方，流量极大、干扰严重，容易发生事故。为改善街道交叉口人、车混杂的状况，需要采取一定的措施，其中合理布置交叉口的绿地就是最有效的措施之一。

交叉口绿地由街道转角处的行道树、交通绿岛以及一些装饰性绿地组成。为保证行车安全，交叉口的绿化布置不能遮挡司机的视线，要让驾车者能及时看清其他车辆的行驶情况以及

① 我国规定种植带的最小宽度不应小于 1.5 米，可在遮阳乔木之间布置绿篱或花灌木，这对提高防护效果及增强景观作用都十分有益。当宽度在 2.5 米左右时，种植带内除了种植一排行道树外，还能栽种两行绿篱，或在沿车行道一侧布置绿篱，另一侧使用草皮、花卉。当种植带达到 5 米宽时，其间可以交错种植两排乔木。如今一些城市的主要景观道路种植带的宽度甚至有超过 10 米的，这对提高城市风景具有一定的意义，但占地较多，如果仅仅出于追求某种气势，则不宜提倡。

交通管制信号，所以在视距三角区内不应有阻碍视线的遮挡物。但街道拐角处的行道树，如果主干高度大于 2 米，胸径在 40 厘米以内，株距超过 6 米，即使有个别凸入视距三角区也可允许，因为透过树干的间隙司机仍可以观察到周围的路况。若要布置绿篱或其他装饰性绿地，则植株的高度要控制在 70 厘米以下。

位于交叉口中心的交通绿岛具有组织交通、约束车道、限制车速和装饰街道的作用，依据不同的功能又可以分为中心岛（俗称转盘）、方向岛和安全岛等。

1. 中心岛

中心岛主要用以组织环行交通，进入交叉路口的车辆一律作逆时针绕岛行驶，可以免去交通警和红绿灯（图 6-26）。中心岛的平面通常为圆形，如果街道相交的角度不同，也可采用椭圆、圆角的多边形等。其最小半径与行驶到交叉口处的限定车速有关，目前我国大中城市所采用的圆形中心岛直径一般为 40 ～ 60 米。由于中心岛外的环路要保证车流能以一定的速度交织行驶，受环道交织能力的限制，在交通流量较大或有大量非机动车及行人的交叉路口就不宜设置。例如，上海市区因交通繁忙，行人与非机动车量极大，中心岛的设置反而影响行车，所以到 1987 年基本淘汰了中心岛的运用。

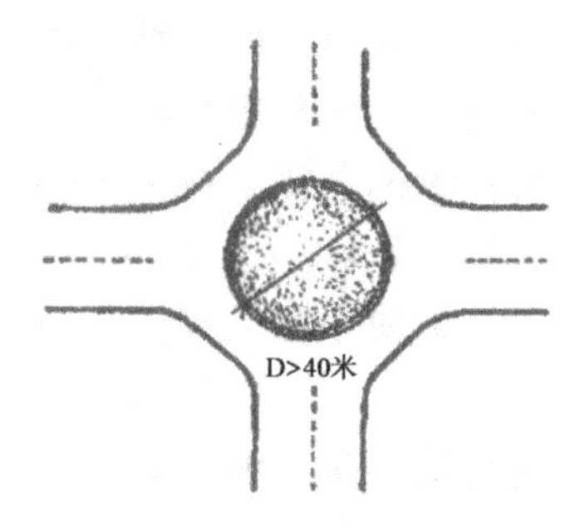

图 6-26　中心岛

虽然中心岛具有相当的面积，但主要用于组织交通、提高交叉口的通行能力，所以不能设计为供人游憩的小游园，因为游人的出入及穿越马路，不仅会影响车速，而且还会带来危险。

一般中心岛以嵌花草皮花坛为主，或以常绿灌木组成简洁明快的绣像花坛，中心部位可以设立雕塑或种植体型优美、观赏价值较高的乔、灌木，如北方常用雪松、银杏，南方常用香樟、榕树等，用以突出景观的主体。切忌以常绿小乔木或常绿灌木胡乱充塞，这既不符合交通的要求，又难以取得较理想的景观效果。

居住区内，街道以步行为主，兼有少量的车辆，这种街道的交叉口有时也会布置中心岛，但其功能与其说是为了组织交通、约束车道，不如说更多地在于限制车速和进行装饰。所以应注意它们的装饰性，甚至可结合居民的游憩，做成小游园。中心部位可布置花坛、水池、喷泉等装饰性强的小品，其周边设置铺装街道，供散步用，外缘安设座椅、花架，配植遮阴乔木，使之成为具有安静、舒适、卫生的休息环境。为了不受外界的干扰，中心岛的外缘沿边密植整形绿篱及大乔木。如果采用自然式布置，可种植不同风格的观赏树丛、树群、花卉、草坪，或配以峰石、水体，以体现出自然、生动的景观。

2. 方向岛

方向岛主要是指引车辆的行进方向，约束车道，使车辆转弯慢行，保证安全。绿化以草皮为主，面积稍大时可选用尖塔形或圆锥形的常绿乔木种植于指向主要干道的角端予以强调，而在朝向次要街道的角端栽种圆球状树冠的树木以示区别。

3. 安全岛

安全岛是为行人横穿马路时避让车辆而设，如果行车道过宽，应在人行横道的中间设置安全岛，以便行人过街时短暂的停留，以保障安全。安全岛的绿化主要使用草皮。

（四）分隔带绿化设计

设置分隔带的目的是将人流与车流分开、将机动车与非机动车分开，以提高车速，保证安全。

分隔带的宽度与街道的总宽度有关。高速公路以及有景观要求的城市街道上的分隔带可以宽达 20 米以上，一般也需要 4 ～ 5 米。市区主要交通干道可适当降低，但最小宽度应不小于 1.5 米。分隔带以种植草皮和低矮灌木为主，不宜过多地栽种乔木，尤其是快速干道上，因为司机在高速行车中，两旁的乔木飞速后掠会产生眩目，而入秋后落叶满地，也会使车轮打滑，容易发生事故。城市街道的分隔带允许种植乔木，但间距应根据车速情况予以考虑，通常以能够看清分隔带另一侧的车辆、行人的情况为度。其间布置草皮、灌木、花卉、绿篱，高度控制在 70 厘米以下，以免遮挡驾驶员的视线。

为便于行人穿越马路，分隔带需要适当分段。除了高速公路分隔带有特殊的规定外，一般在城市街道中以 75 ～ 100 米为一段较为合适。分段过长会给行人穿越马路带来不便，而行人为图方便会在分隔带的中间跨越，不仅造成分隔带的损坏，还将产生危险；过短则会影响车行的速度。此外，分隔带的中断处还应尽量与人行横道、大型公共建筑以及居住小区等的出入口相对应，以方便行人的使用。

（五）街旁绿地设计

街旁绿地主要是临街建筑与街道红线之间的绿化带，其设置对保护环境、美化城市街景具有重要的意义。为使路上的行人获得犹如置身于幽雅、美观、清净、舒适的园林环境的感觉，街旁绿地应该是开敞的。对于沿街的公共建筑，适当辟出一定的绿化面积不仅可给行人、车辆留出缓冲的空间，同时还能烘托和装饰建筑，起到为之增色的作用，所以近年来许多城市对临街建筑的兴建或改建，都提出了留有绿地的要求。而像上海等老城市在有些街道无法以新增街旁绿地来美化街景的情况下，采取“破墙透绿”的做法，用透空的铁篱替代厚实的砖墙，将原本被围于墙内的花木植被经整治后引入街道，使之连为一体，收到了良好的效果。

由于建筑性质的不同，其入口形式和位置会有较大的差异，地下管线的分布、退入红线的距离也不一致，所以街旁绿地的形式与布置也有一定的区别，但需注意相邻绿地之间应保持协调，与街道的其他绿化也应气氛统一，以免差异过大而造成主次不分。可用作街旁绿地的地方往往也是地下管线埋设较为集中的位置，考虑到管线施工，尽可能少用乔木，即便需要栽种，也应注意相互间的距离。通常情况下在较狭窄的街旁绿地上，应以草皮为主，四周可用花期较长的宿根花卉或常绿观叶植物，如绣墩草、马蔺等予以镶边；或者内用低矮花灌木，外侧围以书带草、葱兰等多年生草本植物。较宽的街旁绿地则在布置草皮、绿篱、草本花卉之外，可适当点缀一些花色艳丽的花木，如石榴、碧桃、樱花、海棠等。大型商场的门口或两旁一般不应布置街旁绿地，因为这会影响顾客的集散流动。但在不妨碍行人及顾客的地方设置适量的花坛、喷泉、水池等，则可为商店增添自然和亲切感。如果公共建筑之前预留的位置合适、面积充裕，利用各种植物的宜人特性，用软质景观替代硬质铺装，可以形成能吸引人的休闲空间，这不仅为行人及顾客提供了休息的场所，对于商店增加营业量也有相当的帮助。

第三节　公园景观设计

一、城市公园的类别划分与特征

城市公园主要包括综合性公园、社区公园、专类公园、体育公园、带状公园和街旁绿地。

（一）综合性公园及特征

综合公园又可分为全市性公园和区域性公园，且通常面积不宜小于 10 公顷。

综合性公园（图 6-27）通常用于市民半天以上的游憩活动，

因此，其规划时要求公园设施完备、规模较大，公园内常设有茶室、餐馆、游艺室、溜冰场、露天剧场、儿童乐园等设施。综合性公园的用地选择要求服务半径适宜，土壤条件适宜，环境条件适宜，工程条件适宜（水文水利、地质地貌）。全园应有较明确的功能分区，如文化娱乐区、体育活动区、儿童游戏区、安静休息区、动植物展览区、管理区等。例如，深圳特区选择原有河道通过扩建形成荔枝公园。

图 6-27 综合性公园效果图

（二）社区公园及特征

社区公园（图 6-28）可分为居住区公园和小区游园。居住区公园的面积宜在 5 ～ 10 公顷之间，它是服务于一个居住区的居民，具有一定活动内容和设施，为居住区配套建设的集中绿地，陆地面积按照居住人口而定；小区游园面积宜大于 0.5 公顷。

图 6-28 社区公园

（三）专类公园及特征

专类公园可分为以下几类：

1. 儿童公园

儿童公园（图 6-29）是单独设置，面积宜大于 2 公顷，它是少年儿童提供游戏及开展科普、文体活动，有安全、完善设施的绿地。由于儿童公园主要是针对儿童而建设，因此，公园内容应能启发心智技能、锻炼体能、培养勇敢独立精神，同时要充分考虑到少年儿童活动的安全。儿童公园可根据不同年龄特点，分别设立学龄前儿童活动区、学龄儿童活动区和少年儿童活动区等。

图 6-29　儿童公园效果图

2. 动物园

动物园（图 6-30）面积宜大于 20 公顷，它有科普功能、教育娱乐功能，同时也是研究我国以及世界各种类型动物生态习性的基地、重要的物种移地保护基地。专类动物园面积宜在 5～20 公顷之间。动物园在大城市中一般独立设置，中小城市常附设在综合性公园中。由于动物种类收集难度大，饲养与研究成本高，必须量力而行、突出种类特色与研究重点。动物园的用地选择应远离有噪声、大气污染、水污染的地区，远离居住用地和公共设施用地，便于为不同生态环境（森林、草原、沙漠、淡水、海水等）、不同地带（热带、寒带、温带）的动物生存创造适宜条件，与周围用地应保持必要的防护距离。

图 6-30　某动物园

3. 植物园

植物园（图 6-31）面积宜大于 40 公顷，它是进行植物科学研究和引种驯化并且供观赏、游憩及开展科普活动的绿地。专类植物园面积宜大于 2 公顷。植物园是以植物为中心的，因此，通常情况下远离居住区，但要尽可能设在交通方便、地形多变、土壤水文条件适宜、无城市污染的下风下游地区，以利各种生态习性的植物生长。植物园通常也是城市园林绿化的示范基地、科普基地、引种驯化和物种移地保护基地，常包括有多种植物群落样方、植物展馆、植物栽培实验室、温室等。

图 6-31　北京植物园

4. 历史名园

历史名园又称纪念性公园，其历史悠久，知名度高，体现传统造园艺术并被审定为文物保护单位的园林，如北京颐和园（图

6-32）、苏州拙政园、扬州个园等，而颐和园、拙政园等是联合国教科文组织认定的世界文化遗产。历史名园往往属于全国、省、市、县级的文物保护单位，为保护或参观使用而应设置相应的防火设施、值班室、厕所及水电等工程管线，建设和维护不能改变文物原状。

图 6-32　北京颐和园

除以上各类专类公园外，还有雕塑园、游乐公园、盆景园、体育公园等具有特定主题内容的绿地，也称为专类公园。

（四）体育公园及特征

体育公园（图 6-33）以体育运动为主要功能。利用者主要为除了儿童以外的各个年龄层的人群。相对于以竞技为目的的专业化的体育场（馆），体育公园的重点在于日常的健身活动。

图 6-33　李宁体育园

体育公园不是一般的体育场，除了完备的体育设施以外，还应有充分的绿化和优美的自然景观，因此，一般用地规模要求较大，面积应在 10 ～ 50 公顷为宜。它的特点是既有各种体育运动设施，又有较充分的绿化布置，既可进行各种体育运动，又可供群众游览休息。因此，体育公园对运动设施的标准可以适当降低，并适当增加餐饮、娱乐的活动项目。由于人流量大、设施较多，体育公园需要设置明确的标识指示系统和充足的停车场。

需要注意的是，体育公园的位置宜选在交通方便的区域。由于其用地面积较大，如果在市区没有足够用地，则可选择乘车 30 分钟左右能到达的地区。在地形方面，宜选择有相对平坦区域及地形起伏不大的丘陵或有池沼、湖泊等的地段。

（五）带状公园及特征

带状公园（图 6-34）是城市中呈线形分布的一种公园形式，它是绿地系统中颇具特色的构成要素，承担着城市生态廊道的功能。带状公园通常结合城市道路、水系、城墙而建设，因此，在设计时可以建设一些狭长绿地，如沿城市道路、城墙、水滨等。带状公园的宽度应根据受用地条件进行设计，且在设计时尽量以绿化为主，辅以简洁的娱乐设施。

图 6-34　带状公园

（六）街旁绿地及特征

街旁绿地是位于城市道路用地以外，相对独立成片的绿地，包括街道广场绿地、小型沿街绿化用地等。它的面积较小、设施简单。

二、城市公园景观的设计

（一）城市公园景观设计的原则

城市公园设计要始终从城市的发展和城市居民的使用要求出发，其基本原则主要体现在以下几个方面。

（1）贯彻以人为本的原则。在进行城市公园规划设计前，设计师要做好城市居民心理的调查研究，以满足不同年龄层次、不同职业的人们的共同需要。

（2）遵守相关规范标准的原则。贯彻国家在园林绿地建设方面的方针政策，以城市的总体规划和绿地系统规划为依据。[①]此外，城市总体规划和城市绿地系统规划是城市建设的指导性文件，也是必须遵守的。在进行规划时，公园在全市范围内应该分布均衡，与各区域建筑、市政设施融为一体，而不是一个个孤立的点；同时，城市公园也应该是一个开放性的空间，而不是用高墙或建筑围合成的一个封闭空间。

（3）充分尊重历史文脉，坚持求实、求新的原则。我国许多城市拥有丰富多彩的文化遗产和优秀卓越的文化基因。在城市公园设计中为了避免雷同以突出特色，应该在城市的历史长河中寻找绵延的文脉，在传承历史文脉的基础上把公园建成具有现代精神、构思新颖独特、游人喜爱的公共绿地。

（4）规划设计要切合实际的原则。规划设计要切合实际，满足工程技术和经济要求。正确处理近期规划和远期规划的要求，制订切实可行的分期建设计划及经营管理措施。

（5）充分尊重自然的原则。因地制宜地布局，创造有生态

① 国务院于1992年颁布的《城市绿化条例》和建设部于1992年颁布的行业标准《公园设计规范》(CJJ48—1992)等相关文件是公园设计时必须遵守的。

效益的景观类型。生态效益原则是公园规划时必须遵守的基本原则之一，公园应该是保护生物多样性和景观异质性的重要场所。生态公园是城市公园发展的必然趋势，代表了公园设计的未来走向。

（二）公园景观的分区设计

最初的功能分区较侧重于人们的游览、休憩、散步等简单的休闲活动，而今随着社会生活水平的提高，其功能需求越来越应满足不同年龄、不同层次的游人的需求，逐渐的规整化和合理化，依据城市的历史文化特征、园内实际利用面积、周边环境及当地的自然条件等进行功能规划，同时将功能规划同园内造景相结合，使景观为功能服务，功能更好地承载景观。

综合众多城市公园的特征和性质，可将城市公园的功能分区规划为：观赏游览区、儿童活动区、安静休息区、体育活动区、科普文娱区和公园管理区。

观赏游览区主要功能是设置多样的景观小品，该区占地规模无须太大，以占园内面积的5%～10%为宜，最好选择位于园内距离出入口较远的位置。如图6-35所示为杭州花港观鱼公园景色分区示意图。

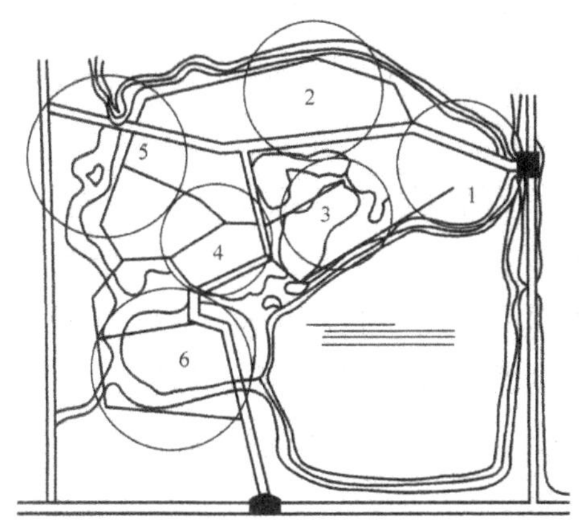

1—鱼池古迹区；2—大草坪；3—红鱼池
4—牡丹园；5—密林区；6—新华港

图6-35　杭州花港观鱼公园景色分区示意图

儿童活动区是专为促进儿童身心发展而设立的儿童专属活动区。考虑到儿童的特殊性，在游乐设施的布置上应首先考虑到安全问题，适当设置隔离带等。该区的选址应当便于识别，位置应当尽量开阔，多布于出入口附近。从内部空间规划来讲，不仅要设置合理的儿童活动区域，也要规划出足够的留给陪同家长的空间地段。

安静休息区一般位于园内相对安静的区域内，常设置在具有一定起伏的高地或是河流湖泊等处。该区内可以开设利于平复心境的各类活动，如散步、书画、博弈、划船、休闲垂钓等。

体育活动区设施的设置可以是定向的，也可以是不定向的。所谓定向是指一些固定的实物设施，如各类健身器材、球馆、球场等；不定向的活动设施可以是根据季节不断变化的。该区选址的首要条件是要有足够大的场地，以便开展各项体育活动；并且在布局规划上应处于城市公园的主干道或主干道与次干道的交叉处，必要时可以设置专门的出入口或应急通道。

科普文娱的功能可以形象地概括为“输入”和“输出”。所谓“输入”，是指游人在游乐之中可以学习到科普文化知识；而“输出”，即是人们在该区内开展各项文娱活动。具体的娱乐场所设施包括阅览室、展览馆、游艺厅、剧场、溜冰场等。该区所选位置应是地形平坦、面积开阔之处，尽量靠近各出入口，特别是主出入口。周边设置便利的道路系统，辅以多条园路，便于游人寻找和集散。

公园管理区具有管理公园各项事务，为维持公园日常正常运行提供保障的功能。区内应设办公室、保安室、保洁室等常用科室，负责处理园内的日常事务。该区的位置一般远离其他区域，但应能够联系各大区域，因此常处于交叉处或出入口处，且多为专用出入口，禁止游人随便靠近。

（三）公园出入口的景观设计

出入口是连接城市和公园的重要屏障和枢纽，其位置的安排能够直接关乎园内具体的各个功能分区的使用，关系到公园的整体使用率。出入口通常从性质和功能上可将公园出入口划分为三类：主要出入口、次要出入口和专用出入口。

主要出入口应设在人流量大，与城市主干道交叉且靠近交通站点的地方，同时保证出入口内外设置足够大的人流集散专用地。主要出入口还需设置相应的配套设施，如园外停车场、售票室及收票人员（视公园性质而定）、园外集散广场、警卫室、园内集散广场等。

次要出入口是辅助于主要出入口而存在的，起到一个补充性的、缓解主出入口压力的作用。主要为居住在公园周边的居民和城市次要干道上的游人而开设的，介于游人的固定性我们常可以估计其流通人数，因此，在规模设置上远远弱于主要出入口。如图 6-36 所示为某城市公园的次要出入口规划效果图。

图 6-36　某城市公园的次要出入口规划效果图

专用出入口是根据公园的管理工作需要而专门为园内工作人员开设的，此通道不对游人开放，常设在园内园务管理区附近并且是相对偏僻之处。另外，公园内的货物运输或是需公园提供特殊场地限制对游人开放时也是通过专用出入口完成的。

（四）公园铺装场地的设计

城市公园铺装场地的设计是指用自然或人工的铺装材料，按照预先规划好的方式或设计好的图案铺设于地面之上，创造出多变的地面形式。城市公园铺装场地设计受整个公园风格的影响，设计时要从公园的整体设计要求出发，确定各种铺装场地的面积和性质，对园路、广场等进行不同材料、不同图案、不同施工方法和施工工艺的铺装，也可以完成园内的景观创造。图 6-37 所示为某城市公园的铺装场地规划效果图。

图 6-37 某城市公园的铺装场地规划效果图

不同形式的铺装场地具有分割景区空间和组织交通路线的作用，规划设计时应根据活动、休闲、集散、游览等使用功能作出具体的设计方案，在满足功能的同时为游人创造一个极具艺术效果的活动和休息场所，使游人散布于园内也可以观赏脚下特殊的秀美景观。

（五）公园水体景观的设计

水体中的映射是水景创造的独特亮点，这有别于其他的任何景观营造。公园中的景致以及周边环境通过水体的反射和折射产生各种变化，丰富了园内空间的层次，使原本硬朗的真实美景变得更加柔和，也更加虚幻，如此亦真亦幻，将空间营造得更具神秘感和缥缈感；另有绝妙水声相伴，或潺潺动情，或激昂澎湃，这便于无形之中丰富了游人的听觉感受。如图 6-38 所示为某城市公园的水体规划效果图。

图 6-38　某城市公园的水体规划效果图

（六）公园建筑与园林小品的设计

精心的建筑及小品设计能够使公园散发无限的生机和活力。园林建筑及小品具有体量小巧、功能简明、造型别致、富有神韵等特征，承载着高度的传统艺术性和现代装饰性，它同植物、园内设施一样是公园构成中较为活跃的因素，其内容极其丰富，能够装点空间、强化景观，具有使用和造景的双重功能。

为了充分地表达景观效果，园林建筑及小品往往要进行各种艺术处理，这不仅需要满足其特定的使用功能要求，还要建造恰当位置、尺度、形式的园林建筑及小品。建筑小品既可以独立成景，也可以巧妙地用于组景之中增添公园意境，同时还可为游人提供休息休憩和文娱公共活动，使游人从中获得美的感受和良好的教益。如图 6-39 所示为某城市公园的建筑及小品设计效果图。

图 6-39　某城市公园的建筑及小品设计效果图

（七）公园的道路景观设计

道路是游人在公园中活动的基本途径，往往形成流畅的循环系统，如图 6-40 所示。

图 6-40　某城市公园的道路规划

道路有分隔空间、划分区域的作用，以道路形成界限。好的公园道路布置应有起景—高潮—结景这三个方面的处理，道路是联系与连接山体、水体、建筑的纽带，使它们成为一个紧密的整体。道路的种类丰富，如主路与辅路、铺装路与土路、平路与山路等。道路的造型呈线形的状态，视觉上有流动的感觉，增添了公园布局的活力。道路随地形的变化而折转，有自然的、有规整的，加上铺装的纹样与色彩，其同样具有很强的观赏性。道路与其他元素衔接，有时呈现广场的状态，形成与不同造型环境、功能区域的过渡。

（八）城市公园景观中的植物分类及设计

1. 城市公园景观的植物分类

城市公园的植物在改善城市气候、调节气温、吸附粉尘、降音减噪、保护土壤和涵养水源等方面都显示出极为重要的作用。

城市公园植物一般分为乔木、灌木、草本及藤本，如图 6-41 所示。在实际应用中，综合了植物的生长类型、应用法则，把园林植物作为景观材料分成乔木、灌木、草本花卉、藤本、水生植物和草坪六种类型。

图 6-41 某城市公园的植物

花为最重要的植物观赏特性。暖温带及亚热带的树种，多集中于春季开花，因此，夏、秋、冬及四季开花的树种极为珍贵。如紫薇、凌霄、月季等，植于庭中不同的空间位置，营造出四季不同的景观类型。

植物的枝干也具有重要的观赏特性，可以成为冬园的主要观赏树种。例如，树龄不大的青杨、毛白杨，枝干呈绿色或灰绿色；红瑞木、紫竹的枝干呈红紫色；可以成为冬季庭园的主要观赏特性。

园林植物的果实也极富观赏价值。例如，葡萄、金银花、红瑞木、平枝栒子。巨大的果实如木菠萝、柚、木瓜等。

2. 城市公园景观中植物的设计

城市公园植物的搭配错落有致，可以增加景观三维空间的丰富多彩性。引导和屏障视线是利用植物材料创造一定的视线条件来增强空间感提高视觉空间序列质量。“引”和“障”的构景方式可分为借景、对景、漏景、夹景、障景及框景等，起到“佳则收之，俗则屏之”的作用。

城市公园植物的设计原则主要体现在以下几个方面。

（1）适地适树的原则，根据当地自然条件选择树种，尽量采用本地植物以乡土树种为公园的基调树种。

（2）多样性原则，选择多样性的植物品种，形成丰富的植物景观效果。

（3）生态性原则，合理搭配形成稳定的生态群落。

（4）艺术性原则，对植物形态进行精心组合，体现造景特色。

（5）功能性原则，既考虑生态效益，也要兼顾组织空间、卫生防护的功能。

（6）人与自然和谐的原则，更多地考虑人与自然的接触和交流。

第四节　广场景观设计

城市广场通常是城市居民社会生活的中心，主要是供人们活动的空间。在城市广场周围常常分布着行政、文化、娱乐、商业及其他公共建筑。广场上布置设施和绿地，能集中地表现城市空间环境面貌。

城市广场根据不同的形式与规定其表现作用不同：如处于城市干道交会的位置，广场主要起组织交通作用；而更多的广场则是结合广大市民的日常生活和休憩活动，并为满足他们对城市空间环境日益增长的艺术审美要求而兴建的。

一、城市广场的构成形式

城市广场的构成形式主要有围合空间广场、焦点空间广场、半开敞空间广场和黏滞性空间广场。它们直接影响着城市居民的生存与活动空间。

（一）围合空间广场

围合空间是城市最基本的分区单位，它所界定的区域之外往往是高速行驶的车辆，之内则是安静并适合人体尺度的广场、中庭或院落。正是与繁忙的交通相比，这种围合空间港湾般的宁静文化价值才得以显现。

（二）焦点空间广场

焦点空间是一种带有主题性的围合空间。它给许多场所增添了色彩，但是，当城市的膨胀使原本与之匹配的景致过度变更甚至不复存在的时候，焦点的标志物便成为一件不起眼的老古董了。焦点空间广场通常以人为空间占有形式，如以雕塑或雕塑化的建筑物而展现，它使热闹的街市或广场更具有特性，表明了这就是“那个场所”的特指意味。

（三）半开敞空间广场

半开敞空间广场，是指连接两种类型空间的直接、自由的通道，诸如与建筑物相连接的廊道和对外敞开的房间。半开敞空间广场所往往存在于繁华的市井之外并远离喧闹的交通要道。这一地带常常是景色宜人，光线柔和，空气中弥漫着花园植被的芬芳，人们在这里有一种安全感和防御感。

（四）黏滞性空间广场

黏滞性空间广场，是指人群以静止和运动两种主要方式占有的空间。黏滞性空间广场是温情的场所，人们在这里漫步浏览橱窗、买报、赏花，同时也领略这里的风情，享受阴凉或阳光。

二、城市广场的分类及表现形式

（一）城市广场的分类

城市广场是伴随着时代的变化而不断发展的，因此，其分类也因出发点不同而不同。[①] 以下对按照广场主要功能进行分类。

1. 市民广场

市民广场通常设置在市中心，平时供市民休息、游览，节日举行集会活动。市民广场应与城市干道连接紧密，能疏导车辆与行人交通的堵塞。市民广场应在设计时充分考虑活动空间的规划，如可以采用轴线手法或者自由空间构图布置建筑。

2. 建筑广场

建筑广场是指为衬托重要建筑或作为建筑物组成部分布置的广场。例如，巴黎卢浮宫广场、纽约洛克菲洛中心广场等。

3. 纪念性广场

纪念性广场是指为纪念有历史意义的事件和人物而建设的广场。例如，人民英雄纪念碑。纪念性广场的规划应符合所纪念的历史事件，其比例尺度、空间构图及观赏视线、视角的要求应根据实际运用而进行规划。

4. 商业广场

商业广场是指在城市的商业区与文化娱乐区所设置的广场。其目的是供人们逛街时休闲和疏散人流。例如，北京的王府井商业广场。

5. 生活广场

生活广场是指设置在居民生活区域内的广场。它主要供居民锻炼、散步、休息时使用，因此面积通常不大。生活广场在设计时应综合考虑各种活动设施，并布置较多绿地。

6. 交通广场

交通广场可分为道路交叉扩大的广场[②]和交通集散广场[③]。

① 按照历史时期分类有古代广场、中世纪广场、文艺复兴时期广场、17世纪及18世纪广场及现代广场。按照广场的主要功能分类有市民广场、建筑广场、纪念性广场、商业广场、生活广场、交通广场等。

② 疏导多条道路交会所产生的不同流向的车流与人流交通。

③ 交通集散广场，主要解决人流、车流的交通集散，如影、剧院前的广场等。

需要注意的是，广场要有足够的行车面积、停车面积和行人活动面积，其大小根据广场上车辆及行人的数量决定；交通集散广场的车流与人流应合理组织，以保证广场上的车辆和行人互不干扰。

（二）城市广场的表现形式

广场在设计上，因受观念、传统、气候、功能、地形、地势条件等方面的限制与影响，在表现的形式与方法上有所不同，其表现形式大致可以分为以下两大类。

1. 规则的几何形广场

规则的几何形广场主要选择以方形、圆形、梯形等较规则的地形平面为基础，以规则几何形方式构建广场。规则几何形广场的中心轴线会有较强的方向感，主要建筑和视觉焦点一般都集中在中心轴线上，设计的主题和目的性比较强。它的特点是地形比较整齐，有明确的轴线，布局对称。例如，巴黎协和广场，如图 6-42 所示，它是巴黎最大的广场，位于巴黎主中轴线上，广场中间竖立着一座23米高的方尖碑，四周设计八座雕塑，象征着法国八大城市，是典型的规则型布局方式。

图 6-42　法国巴黎协和广场

2. 不规则型广场

不规则型广场，有些是因为周围建筑物或历史原因导致发展受限，有些是因为地形条件受到限制，还有就是有意识的追求这种表现形式。不规则广场的选址与空间尺度的选择都比规则型的自由，可以广泛设置于道路边旁、湖河水边、建筑前、社区内等具有一定面积要求的空间场地。不规则广场的布局形式在运用时也相对自由，可以与地形地势充分结合，以实现对不同主题和不同形式美感的追求。

如图 6-43 所示为意大利威尼斯圣马可广场。该广场平面由三个梯形组成，广场中心建筑是圣马可教堂。教堂正面是主广场，广场为封闭式，长 175 米，两端宽分别为 90 米和 56 米。次广场在教堂南面，朝向亚德里亚海，南端的两根纪念柱既限定广场界面，又成为广场的特征之一。

图 6-43　意大利威尼斯圣马可广场

三、城市广场的面积设计

城市广场面积大小及形状可以依托不同的要求进行设计，具体表现在以下几个方面。

（一）功能要求方面的设计

比如，电影院、展览馆前的集散广场，其设计要求应满足人流及车流的聚散可以在短时间内完成。又如，集会游行广场的设计要求应满足参与的人员在此聚集并在游行时间里让游行队伍能顺利通过。再如，交通广场的设计应符合车流运行的规律和交通组织方式，同时还要满足车流量大小的要求，并且还要有相应的配套设施，如停车场和基础公用设施等。

（二）观赏要求方面的设计

在形体较大的建筑物的主观赏面方向，适宜设置与其形体相衬的广场。若在有较好造型的建筑物的四周适当的为其配置一些空场地或借用建筑物前的城市街道则可以更好地来展示建筑物的面貌。而建筑物的体量与配套广场之间的关系，可根据不同的要求，运用不同的手段来解决。有时打破固有模式，调整建筑物与广场之间大小比例关系，更能凸显建筑物高大的形象。

四、城市广场景观设计的原则

城市广场景观设计的原则主要体现在以下几个方面：

（一）尺度适配原则

它根据广场不同使用功能和主题要求，而规定广场的规模和尺度。例如，政治性广场和市民广场其尺度和规模都不一样。

（二）整体性原则

它主要体现在环境整体和功能整体两个方面。环境整体需要考虑广场环境的历史文化内涵、整体布局、周边建筑的协调有序以及时空连续性问题。功能整体是指该广场应具有较为明确的主题功能。在这个基础上，环境整体和功能整体相互协调才能使广场主次分明、特色突出。

（三）多样性原则

城市广场在设计时，除了满足主导功能，还应具有多样化性原则，它具体体现在空间表现形式和特点上。例如，广场的设施和建筑除了满足功能性原则外，还应与纪念性、艺术性、娱乐性和休闲性并存。

（四）步行化原则

它是城市广场的共享性和良好环境形成的前提。城市广场是为人们逛街、休闲服务的，因此其应具备步行化原则。

（五）生态性原则

城市广场与城市整体的生态环境联系紧密。一方面，城市广场规划的绿地、植物应与该城市特定的生态条件和景观生态特点相吻合；另一方面，广场设计要充分考虑本身的生态合理性，趋利避害。

五、城市广场绿地景观设计

在广场上布置建筑物、喷泉、雕塑、照明设施、花坛、座椅及种树可以丰富广场空间，提高艺术性。

（一）铺装设计

地面铺装是广场设计的重要部分，由于广场地铺面积比较大，在整体视觉感受上，它的形状、比例、色彩和材质，直接影响到广场整体形象和精神面貌以及各局部空间的趣味。地面铺装的要素设计主要体现在以下几个方面：

1. 图案设计

在采用一些较为规则的材料铺设与视平线平行或垂直的直线时，往往能够扩展游人对深度和宽度的感知，增加人们的空间概念。图案的形状及铺装也会带给人不同的感受，单数边的图形往往动感较强，多出现在活动区的场地铺设中，而规则的偶数边形状常常给人稳重、安静的感觉。此外，应用于场地铺装的图案应当尽可能简单明确，易于识别和理解，切不可设计得过于烦琐而使游人理解不到设计者的意图。如果铺装材料自身尺度较大，有较大的面积可以设置图案，也不宜设计得过于复杂，而应以表现材料自身的质感美为主（图 6-44）。

图 6-44　广场地面图案设计

2. 质感设计

广场的场地铺设不同于室内的场地铺设，它所处的大规模的外部空间有着更为广阔的意义。例如，自然石材的运用可以使空间贴近自然，让游人倍感亲切和放松；人工石材的选择虽缺乏自然石材的天然质朴，却处处体现出现代社会的科技含量。在进行广场场地铺设时，要根据空间大小选择不同质感的铺设材料。通常如麻面石料和花岗岩等质感较为粗糙的材料，适合大空间的场地铺设（图 6-45）。此类材料因表面较为粗糙而较易吸收光线照射和广场噪声，因石材彼此间的较大空隙也较易吸收场地积水。对于小空间来讲则恰恰相反，圆润、精巧且体量较小的卵石等质感细腻的材料能给人以舒畅、精细的亲切之感，同时，材料自身不规则的形态也丰富了场地的层次。

图 6-45　城市广场地面（花岗岩）

3. 色彩设计

色彩是营造广场气氛、切合广场主题的一种最为有效的手段。从广场整体环境出发铺装的色彩一般在广场中不作为主景存在，只是作为衬托各个景点的背景使用，因此，其设计应当同整个广场的环境相协调，同各个区域的应用主题相吻合。例如，儿童活动区可从儿童的属性出发，运用活泼明朗的纯色铺装材料和简单规则的铺装形式；安静休息区中应当采用具有宁静安定气氛的、色彩柔和的铺装材料和铺装形式。

4. 排水性设计

在具有一定坡度的场地和道路上要考虑排水设计。通常情况下，可以铺装透水性花砖或透水性草皮来解决这一问题，以免因道路积水而影响游人正常行进。

5. 视觉性设计

通过铺装所采用的不同线条形式起到指引游人的作用，直线形线条能使游人视觉产生前进性，从而引导游人深入前进：众多线条呈现出一定的会聚性并最后交结于某一景观的形式则是引导游人向景观处聚集观赏。

（二）绿化设计

由于广场性质有所不同，绿化设计也应有相应的变化或相对独立的特点来适应主题，不能千篇一律、形式单一，或随意种植、凌乱无序的为绿化而绿化。具体的绿化手法和植物品种选择，要根据地域条件、文化背景、广场的性质、功能、规模及植物养护的成本和周边环境进行综合考虑，结合表现主题，运用美学原理进行绿化设计。例如，文化广场常侧重简洁自然、轻松随意，因此，设计过程中可以多考虑铺装与树池以及花坛相结合等形式。对植物品种要进行科学合理的选择，对植物品种的性能、特点、花期的长短要有充分的了解，同时对种植的环境要从性质上相适应（图 6-46）。

图 6-46　某城市广场的绿化设计

（三）雕塑设计

雕塑是一种雕刻的立体艺术，它需要根据不同类型的主题因素进行塑造，因此，它具有强烈感染性的造型。对广场雕塑进行设计时，需要根据广场的类型及主题进行塑造，使它与整个广场空间环境相融合，并成了其中的一个有机组成部分。例如，广场和道路休息绿地可选用人物、几何体、抽象形体雕塑等，如图 6-47 所示。在对雕塑的位置、质感、形态、尺度、色彩进行考虑时，需要结合各方面的背景关系，从整体出发，不能孤立地考虑雕塑本身。

由于现代城市广场在设计上需要重视环境的人性化特征和亲切感，因此，其雕塑的设计应以亲近人的尺度为依据，尽量在空间上与人在同一水平线上，从而增强人的参与感。

图 6-47　广场雕塑

（四）水景设计

广场水景主要以水池、叠水、瀑布、喷泉的形式出现。广场水景的设计要考虑其大小尺度适宜。在设计水体时，不要漫无边际地设计大体量水体景观，避免大水体的养护出现困难。相反，一些设计精致、有趣、易营建的小型水体，颇能体现出曲觞流水的设计美感。

喷泉是广场水景最常见的形式，如影视喷泉，在巨大的面状喷泉水幕上投放电影，通过其趣味性的成分增加喷泉的吸引力，使其成为广场重要的景观焦点，如图 6-48 所示。设置水景时要考虑安全性，应有防止儿童、盲人跌撞的装置，周围地面应考虑排水、防滑等因素。

图 6-48　影视喷泉

（五）小品设计

广场小品设计主要指独立的小型艺术品设计，如花架、灯柱、座椅、花台、宣传栏、小商亭、栏杆、垃圾桶、时钟等。小品在广场设计中起到了画龙点睛的作用，它能够起到强化空间环境文化内涵的作用，因此，它的设计要结合该城市的历史文化、背景，并寻找具有人情风貌的内容进行艺术加工。广场小品的材质、色彩、质感、造型、尺度等运用要符合人体工学原理。例如，小品的色彩是广场上活跃气氛的点睛元素；小品的尺度要在符合广场大环境的尺度关系下，呈现出适度比例关系，符合人们的审美经验和心理的度量；小品的造型则要统一于广场总体风格，统一中有变化，丰富而不显凌乱（图 6-49）。

图 6-49　城市广场小品

参考文献

[1]曹福存，赵彬彬．景观设计[M]．北京：中国轻工业出版社，2014.

[2]武文婷，任彝．景观设计[M]．北京：中国水利水电出版社，2013.

[3]邱建等．景观设计初步[M]．北京：中国建筑工业出版社，2010.

[4]王东辉．景观设计[M]．北京：中国建材工业出版社，2009.

[5]张大为，尚金凯．景观设计[M]．北京：化学工业出版社，2008.

[6]朱向红．景观设计[M]．广州：岭南美术出版社，2006.

[7]舒湘鄂．景观设计[M]．上海：东华大学出版社，2006.

[8]黄艺，叶眉．景观设计师是怎样炼成的[M]．北京：机械工业出版社，2010.

[9]刘福智．景观园林规划与设计[M]．北京：中国机械工业出版社，2005.

[10][英]汤姆·特纳著．王钰译．景观规划与环境影响设计[M]．北京：中国建筑工业出版社，2006.

[11][美]威廉·M.马什著．朱强等译．景观规划的环境学途径[M]．北京：中国建筑工业出版社，2006.

[12]芦建国．种植设计[M]．北京：中国建筑工业出版社，2012.

[13]丁绍刚．风景园林概论[M]．北京：中国建筑工业出版社，2008.

[14]杨志德．风景园林设计原理[M]．武汉：华中科技大学

出版社，2009.

[15][美]John Ormsbee Simonds著．俞孔坚等译．景观设计学——场地规划与设计手册[M]．北京：中国建筑工业出版社，2000.

[16][日]丰田幸夫著．黎雪梅译．风景建筑小品设计图集[M]．北京：中国建筑工业出版社，2009.

[17][美]里德著．郑淮兵译．园林景观设计——从概念到形式[M]．北京：中国建筑工业出版社，2010.

[18]高平．园林景观规划中的水景设计[J]．吉林农业，2015，（07）.

[19]宋雁．现代居住小区的园林景观设计分析[J]．吉林农业，2015，（07）.

[20]李艳侠，于雷，陈雅君，尹慧，李静静．居住区景观设计分析[J]．安徽农业科学，2015，（25）.

[21]张钦．漫谈当代纪念性景观设计[J]．科技资讯，2015，（07）.